人物形象设计基础

主　编　税明丽　许小东
副主编　王吴威　李　想　何　超　许　琴
参　编　洪　波　崔　姚　晏星秋　阳安杰
　　　　冯永忠

北京理工大学出版社
BEIJING INSTITUTE OF TECHNOLOGY PRESS

内 容 提 要

　　本书紧紧围绕高素质技术技能人才培养目标，对接专业教学标准和"1+X"职业能力评价标准，选择项目案例，结合企业员工实际工作中需要解决的一些技术应用与设计创新的基础性问题，以项目为纽带，以任务为载体，以工作过程为导向，科学组织教材内容并进行模块化处理。编者注重课程之间的相互融通及理论与实践的有机衔接，开发工作活页式任务工单，形成了多元多维、全时全程的评价体系，并基于互联网，融合现代信息技术，配套开发了丰富的数字化资源，编写了活页式教材。本书共分为课程认知、人物形象认知、设计理解、人物形象设计认知、人物形象设计服务、人物形象设计方法六大模块。本书以工作活页式任务工单为载体，强化自主探学、合作研学、展示赏学、评价反馈，在课程、学生地位、教师角色、课堂、评价等方面全面改革。

　　本书结构合理、知识全面，可作为高等院校人物形象设计专业的教材，也可作为企业员工的培训用书。

版权专有　侵权必究

图书在版编目（CIP）数据

　　人物形象设计基础 / 税明丽，许小东主编.--北京：
北京理工大学出版社，2022.8
　　ISBN 978-7-5763-1629-2

　　Ⅰ.①人…　Ⅱ.①税…②许…　Ⅲ.①人物形象 - 设
计 - 高等学校 - 教材　Ⅳ.① B834.3

　　中国版本图书馆 CIP 数据核字（2022）第 155277 号

出版发行 / 北京理工大学出版社有限责任公司
社　　　址 / 北京市海淀区中关村南大街5号
邮　　　编 / 100081
电　　　话 / （010）68914775（总编室）
　　　　　　（010）82562903（教材售后服务热线）
　　　　　　（010）68944723（其他图书服务热线）
网　　　址 / http://www.bitpress.com.cn
经　　　销 / 全国各地新华书店
印　　　刷 / 河北鑫彩博图印刷有限公司
开　　　本 / 787毫米×1092毫米　1/16
印　　　张 / 15.5
字　　　数 / 295千字
版　　　次 / 2022年8月第1版　2022年8月第1次印刷
定　　　价 / 98.00元

责任编辑 / 钟　博
文案编辑 / 钟　博
责任校对 / 周瑞红
责任印制 / 王美丽

图书出现印装质量问题，请拨打售后服务热线，本社负责调换

　　"人物形象设计基础"课程是高等院校人物形象设计专业的一门专业课程，为建设好该课程，编者认真研究专业教学标准和"1+X"职业能力评价标准，开展广泛调研，联合企业制定了毕业生所从事岗位（群）的《岗位（群）职业能力及素养要求分析报告》，并依据《岗位（群）职业能力及素养要求分析报告》，开发了《专业人才培养质量标准》，按照《专业人才培养质量标准》中的素质、知识、能力要求要点，注重"以学生为中心，以立德树人为根本，强调知识、能力、思政目标并重"，组建了校企合作结构化课程开发团队，以企业实际项目案例为载体，以任务驱动、工作过程为导向，进行课程内容模块化处理，以"项目＋任务"的方式，开发工作活页式任务工单，注重课程之间的相互融通及理论与实践的有机衔接，形成了多元多维、全时全程的评价体系，并基于互联网，融合时代信息技术，配套开发了丰富的数字化资源。

　　本书以工作活页式任务工单为载体，强化自主探学、合作研学、展示赏学、评价反馈，在课程、学生地位、教师角色、课堂、评价等方面全面改革，在评价体系中强调突出技术应用，强化学生创新能力培养。

　　本书实施"双主编"制，由四川国际标榜职业学院税明丽和青岛柏飞丝美容美发投资管理有限公司许小东担任主编。每一模块内容由企业和学校人员联合编写。本书具体编写分工：四川国际标榜职业学院税明丽编写模块 1；四川国际标榜职业学院王吴威和青岛柏飞丝美容美发投资管理有限公司冯永忠共同编写模块 2；四川国际标榜职业学院李想和成都现代职业学校崔姚共同编写模块 3；四川国际标榜职业学院何超和洪波共同编写模块 4；四川国际标榜职业学院许琴和晏星秋共同编写模块 5；四川国际标榜职业学院税明丽和资生堂专业美发（中国）阳安杰共同编写模块 6；青岛柏飞丝美容美发投资管理有限公司许小东完成全书内容设计，保证实践环节任务与市场岗位工作内容接轨。特别感谢吴晓老师和唐玉梅同学参与本书插画绘制。

由于本书涉及内容广泛，编者水平有限，书中难免存在错误和处理不妥之处，恳请广大读者批评指正。

编　者

CONTENTS 目 录

目 录 CONTENTS

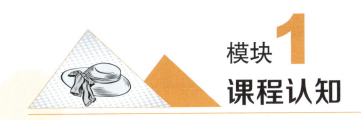

模块 **1**

课程认知

任务 1.1　课程性质及定位认知

1.1.1　任务描述

完成案例所示人物形象改造，应具备的知识、技能和素质素养分析。

1.1.2　学习目标

1. 知识目标：掌握课程的性质；掌握课程在人才培养中的定位。
2. 能力目标：能理解人物形象设计学习的内涵；能理解本课程在专业人才培养中的定位。
3. 素养目标：培养感性认知、理性思考的意识；培养信息提取和分析意识。

1.1.3　重点难点

1. 重点：课程性质认知。
2. 难点：本课程在人才培养中的定位。

1.1.4　相关知识链接

人物形象设计专业面向理发与美容服务、洗浴和保健养生服务等行业的形象设计师、化妆师、美发师、美容师、美甲师等职业群，培养能够从事形象设计顾问、化妆设计、发型设计、美容美体、美甲美睫等技术服务及相关营销、培训、管理等工作的高素质技术技能人才。

1. 课程的出处

市场调研分析—职业岗位群—岗位能力及素质素养分析—专业人才培养目标 —知识、能力、素质素养分析—课程目标—课程内容设计。

2. 课程的作用

通过学习，培养学生爱国、爱岗、敬业、诚信、以人为本、吃苦耐劳、服务群众、道德法制意识、人物形象设计全局观、审美意识、设计思维，学生应对专业未来学习的各类知识、技能及实习实践的目的和要求有正确的理解和认识；学生通过课程的学习能够树立良好的学习意识和职业理想，能逐渐形成自己的专业学习目标。

3．课程教学目标

本课程是人物形象设计专业的基础课，对坚定学生理想信念、家国情怀、文化自信、传承和弘扬优秀传统文化、审美和人文素养、道德法制精神有着重要的意义。通过引导，使学生树立正确的审美理念；通过设计理论、设计程序、设计方法等介绍，使学生形成相对完整的设计思维，从而搭建人物形象设计师需要具备的基本理论、理念、技术、能力框架，加深对专业的理性认识，逐渐树立职业理想和信念。

1.1.5　素质素养养成

（1）通过对课程的初步了解，能够明确课程学习的内容、目标，学会理性分析和理解事物。

（2）通过学习活动的开展，逐渐养成信息搜集、提取、分析意识。

1.1.6　任务实施

1.1.6.1　任务分配

表 1-1　学生任务分配表

班级		组号		授课教师	
组长		学号			
组员	姓名	学号		姓名	学号

1.1.6.2　自主探学

组号：_____　姓名：_____　学号：_____　检索号：_____

引导问题 1：课前观看 2008 北京奥运会开幕式演员形象设计制作专题片，写出你对人物形象设计的理解。

```



```

引导问题 2：谈谈人物形象设计师需要具备的知识与能力。

```



```

1.1.6.3　合作研学

任务工作单 1-2　合作研学

组号：_____　姓名：_____　学号：_____　检索号：_____

引导问题：小组内分享自己的答案，小组讨论，并完成人物形象设计师需要具备的技术技能、知识、素质素养列表。

人物形象设计师需要具备的技术技能、知识、素质素养	
技术技能	
知识	
素质素养	

1.1.6.4 展示赏学

任务工作单 1-3　展示赏学

组号：＿＿＿＿＿　姓名：＿＿＿＿＿　学号：＿＿＿＿＿　检索号：＿＿＿＿＿

引导问题：各小组分享各组的列表内容，小组互评、互鉴，完善"人物形象设计师技术技能、知识、素质素养列表"，并写出获得这些能力知识素养的途径。

人物形象设计师需要具备的技术技能、知识、素质素养		获得途径
技术技能		
知识		
素质素养		

1.1.6.5 方法应用

任务工作单 1-4　方法应用

组号：＿＿＿＿＿　姓名：＿＿＿＿＿　学号：＿＿＿＿＿　检索号：＿＿＿＿＿

引导问题：根据目前自己对专业的理解，草拟个人专业学习规划。

1.1.7　评价反馈

任务工作单1-5　自我评价表

组号：_____　姓名：_____　学号：_____　检索号：_____

班级		组名		日期	年　月　日
评价指标	评价内容			分数	分数评定
信息收集能力	能有效利用网络、图书资源查找有用的相关信息等；能将查到的信息有效地传递到学习中			10分	
感知课堂生活	能在学习中获得满足感，对课堂生活具有认同感			10分	
参与态度，沟通能力	积极主动与教师、同学交流，相互尊重、理解、平等相待；与教师、同学之间能够保持多向、丰富、适宜的信息交流			15分	
	能处理好合作学习和独立思考的关系，做到有效学习；能提出有意义的问题或发表个人见解			15分	
对本课程的认识	本课程主要培养的能力			5分	
	本课程主要培养的知识				
	对将来工作的支撑作用			10分	
辩证思维能力	能发现问题、提出问题、分析问题、解决问题，有创新意识			10分	
自我反思	按时保质完成任务；较好地掌握知识点；具有较为全面严谨的思维能力并能条理清楚地表达成文			25分	
自评分数					
总结提炼					

任务工作单 1-6　小组内互评验收表

组号：＿＿＿＿＿　姓名：＿＿＿＿＿　学号：＿＿＿＿＿　检索号：＿＿＿＿＿

验收组长		组名		日期	年　月　日
组内验收成员					
任务要求	认识课程的定位；课程中对知识、技能、素质素养进行分析；任务完成过程中，至少包含 5 份文献的检索文献的目录清单				
验收文档清单	被验收者任务工作单 1-1				
	被验收者任务工作单 1-2				
	被验收者任务工作单 1-3				
	被验收者任务工作单 1-4				
	文献检索清单				

对本课程的认知	评分标准	分数	得分
	能准确理解课程性质，错一处扣 5 分	20 分	
	能准确理解课程的重要性，错一处扣 5 分	20 分	
	能通过对课程的认知，明确课程学习目标，错一处扣 5 分	20 分	
	能够通过对课程的认知学习，完成自己的学习规划，错一处扣 2 分	20 分	
	按时保质完成任务；较好地掌握知识点；具有较为全面严谨的思维能力并能条理清楚地表达成文，缺一项扣 2 分	20 分	

评价分数	

不足之处	

任务工作单 1-7　小组间互评表

（听取各小组长汇报，同学打分）

被评组号：＿＿＿＿＿＿＿＿＿＿＿＿＿＿＿＿＿＿＿　　检索号：＿＿＿＿＿＿

班级		评价小组		日期	年　月　日
评价指标	评价内容			分数	分数评定
汇报 表述	表述准确			15 分	
	语言流畅			10 分	
	准确反映该组完成任务情况			15 分	
内容 正确度	内容正确			30 分	
	句型表达到位			30 分	
互评分数					
简要评述					

任务工作单 1-8
任务完成情况评价表

任务 1.2　与后续课程的衔接和融通

1.2.1　任务描述

基于任务 1.1 对人物形象设计的了解，通过调查咨询的方式搜集信息，理解课程与平行课、后续课程之间的融通支撑关系。

1.2.2　学习目标

1. 知识目标：掌握该课程与前序课程的衔接与融通关系；掌握该课程与平行课程的衔接与融通关系。
2. 能力目标：能理解该课程与其他课程的衔接与融通关系；能理解本课程对后续课程的支撑作用。
3. 素养目标：培养辩证分析能力；培养逻辑思维能力。

1.2.3　重点难点

1. 重点：本课程与其他课程的衔接与融通关系。
2. 难点：本课程对后续课程的支撑作用。

1.2.4　相关知识链接

1. 课程具体目标

本课程具体目标见表 1-2。

表 1-2　课程具体目标

目标	内容	教学目标评价标准
知识	"人物形象设计"概念；影响人物形象设计的因素；人物形象设计知识邻域和学科范畴；设计创新与创造基本概念；人物形象设计方案要素。 人物形象设计作品制作的技术手段与规范；人物形象设计新技术与行业发展新需求；形象设计服务理念和服务规范；形象设计服务社会商品价值；人物形象设计师应具备的思维方式；形象设计剪贴报制作方法	80 分以上：知识概念理解正确。 60 ~ 79 分：知识的理解模糊，或无法辨识概念之间的区别。 60 分以下：知识没有理解
能力	掌握本门课程的学习目标和学习方法；掌握人物形象设计要素；学会人物形象设计分析方法；会赏析优秀的设计方案；能理解优秀设计方案具备的要素。 能用学习的技术规范、行业标准规范自己的操作；学会探究学习专业领域的新技术、新知识、新规范。 掌握评价形象设计服务价值的方法；具备形象设计领域创新创业服务理念；能够运用设计师的思维，通过剪贴报的制作表达自己的设计构思，形成设计方案提纲	80 分以上：方案设计内容完整，术语运用准确，有明确的设计思路和能展现设计思考能力。 60 ~ 79 分：方案设计内容较完整，设计思路较明确，但设计思维展现能力较弱。 60 分以下：设计方案内容不完整，没有展现设计思路

目标	内容	教学目标评价标准
素质	会学习、勤思考，拥有正确的审美观，符合时代性和民族性；具有创新精神，突破陈规、敢于创造；弘扬中国传统文化，培养文化自信，提倡独创风格，发扬原创精神；坚持具体问题具体分析，不断培养探究精神，具有规则意识，注重安全与环保、共性与个性、分析和解决问题，注重局部与整体协调统一，学会用发展的眼光看待问题；尊重科学，与时俱进，树立正确的职业观，具备正确的义利观、价值观、人生观，培养服务意识，具有奉献精神；培养工匠精神，追求可持续发展；坚持实践是检验真理的唯一标准	80分以上：合作沟通良好，能应用专业知识和技能解决实际问题；具备良好的审美素养，能够通过设计实践传承创新国人新时代的新形象。 　　60～79分：有良好的审美素养；能够与团队一起应用所学知识和技能解决实际问题；具备对传统文化的传承和创新意识。 　　60分以下：缺乏合作意识，不能配合团队工作

2. 课程衔接

在课程设置上，作为专业入门概论课程，后续课程有"创意思维训练""人物形象设计基础训练"及大量的专业技能课，本课程学习将对后续课程的学习起到思维先导和专业理念植入的作用，为学生综合素养职业能力的形成打下坚实的基础。

3. 课程设计理念及思路

本课程以贯彻落实大学生思想政治工作为总体要求，结合专业育人目标，科学设计课程思政教学体系。面向职业岗位需求为导向，从专业面向的设计对象出发，从人物形象设计专业概念的梳理入手，融入人本主义理念，通过案例展示介绍设计相关史论和基础，引导学生树立正确的审美理念；通过设计理论、设计程序、设计方法等介绍，使学生形成相对完整的设计思维，从而搭建基本的人物形象设计师需要具备的基本理论、理念、技术、能力框架；形成学生对专业理性的认识，逐渐树立职业理想和学习目标。

4. 教师教学方法

（1）采取任务驱动的教学模式；

（2）完善实践教学资源，开发多种教学手段；

（3）引入企业典型案例，理论联系实际开展教学；

（4）要充分利用工作页式的任务工单，推进教师角色转换革命，调动学生的积极性；改进课堂生活环境，推动学生自主学习、合作探究式学习。

5. 学生学习方法

（1）要充分了解该门课程的重要性；

（2）重视该门课程，端正学习态度；有自主学习的能动性、积极合作探究的精神；

（3）要善于收集信息，并对信息进行辩证的分析和处理，拓展相关知识面；

（4）要主动深入实训室认真做好实践调研和实训；

（5）要深入全面了解形象设计师工作过程，理解课程对后续课程的支撑作用。

1.2.5　素质素养养成

（1）通过对课程基本信息的了解，拓宽视野，开阔眼界，能够辩证地分析自己的学习情况，明确自己的优势和劣势。

（2）通过课程中对专业的基本认知，养成事物之间逻辑性、关联性的分析思维习惯。

1.2.6　任务实施

1.2.6.1　任务分配

表 1-3　学生任务分配表

班级		组号		授课教师	
组长		学号			
组员	姓名	学号	姓名	学号

1.2.6.2　自主探学

任务工作单 1-9　自主探学

组号：_____　姓名：_____　学号：_____　检索号：_____

引导问题 1：你了解有哪些相关的平行课程？它们与本课程的关联性如何？

引导问题 2：你是否了解该课程相关的后续课程，对后续课程有哪些支撑作用？

引导问题 3：根据自己对专业了解，你认为学习过程中还应该有哪些课程对专业培养目标中的知识、能力、素质素养的养成形成支撑和关联？列举 2～3 门课程并进行分析。

课程	知识	能力	素质素养

1.2.6.3 合作研学

任务工作单 1-10　合作研学

组号：_____　　姓名：_____　　学号：_____　　检索号：_____

引导问题：小组讨论，教师参与，整合出本小组的最优答案，并反思自己的不足。

平行课	关联性阐述
后续课	支撑及融通关联性阐述
相关课程	对知识获得、能力培养、素质素养养成的支撑关联性阐述

1.2.6.4 展示赏学

任务工作单 1-11　展示赏学

组号：_____　姓名：_____　学号：_____　检索号：_____

引导问题 1：各小组集中归纳各成员对专业学习的规划和目标，派一名代表进行分享。

引导问题 2：各小组派一名代表展示本课程与其他专业课程的融通关系，并进行阐述；同时分析它们与专业学习目标之间的联系。

平行课	关联性阐述	专业学习目标联系
后续课	支撑及融通关联性阐述	专业学习目标联系
相关课程	对知识获得、能力培养、素质素养养成的支撑关联性阐述	专业学习目标联系

1.2.7 评价反馈

任务工作单 1-12
自我评价表

任务工作单 1-13
小组内互评验收表

任务工作单 1-14 小组间互评表

（听取各小组长汇报，同学打分）

被评组号： _____   检索号： _____

班级		评价小组		日期	年　月　日
评价指标	评价内容			分数	分数评定
汇报表述	表述准确			15 分	
	语言流畅			10 分	
	准确反映该组完成任务情况			15 分	
内容正确度	内容正确			30 分	
	句型表达到位			30 分	
互评分数					
简要评述					

任务工作单 1-15
任务完成情况评价表

模块 2 形象认知

项目 2.1　事物形象认知

通过学习本项目的内容，完成相应的任务，我们会对事物的形象有一个基本的认知，在分析了解一些典型的事物形象特征后，为进一步学习人物形象的认知打下基础。

任务 2.1.1　事物形象认知

2.1.1.1　任务描述

完成对事物形象的认知，并完成任务工作单。

2.1.1.2　学习目标

1. 知识目标：掌握形象的概念知识；掌握事物形象的分类和形式。
2. 能力目标：能理解国家形象、城市形象、企业形象、建筑形象的特点；能理解事物形象与人物形象的区别。
3. 素养目标：培养职业认同感和自豪感；培养良好、健康的社会价值观；培养高尚的爱国主义情操。

2.1.1.3　重点难点

1. 重点：国家形象、城市形象、企业形象、建筑形象的典型特征。
2. 难点：事物形象与人物形象之间的关系，培养其良好、健康的社会价值观和高尚的爱国主义情操。

2.1.1.4　相关知识链接

1. 形象的概念

形象是指事物具体可感的形态和相貌。形象包括客观事物的形象和艺术形象两大类。

（1）客观事物的形象。在生活中，客观事物（包括自然界、人、社会生活）的形象是艺术表现的对象、艺术创作的来源和艺术形象性的依据。

（2）艺术形象。艺术形象是艺术家根据各种生活形象进行概括、加工，借助一切手段塑造的有代表性、艺术性的形象。

汉代孔安国在《尚书注疏》中第一次使用了"形象"这一术语："审所梦之人，刻其形象。"魏晋后，人们认识到艺术形象不限于摹写事物的外形，还要得其"神"，表现出"生气""气韵"等。

从心理学的角度来看，形象就是人们通过视觉、听觉、触觉、味觉等各种感觉器官在大脑中形成的关于某种事物的整体印象，简言之是知觉，即各种感觉的再现。因此，形象不是事物本身，而是人们对事物的感知，不同的人对同一事物的感知并不完全相同。由于意识具有主观能动性，所以，事物在人们头脑中形成的不同形象会对人的行为产生不同的影响。

事物形象还可以有很多种类，如国家形象、城市形象、企业形象、建筑形象等。

2．国家形象

（1）国家形象是一个国家对自己的认知，以及国际体系中其他行为体对它的认知的结合，是各种信息的综合认知而产生的结果。国家形象被认为是国家"软实力"的重要组成部分之一，可以体现这个国家的综合实力和影响力。因此，国家形象的塑造与传播深受各国政府的重视。

（2）国家形象作为反映在媒介和人们心理中的对于一个国家及其民众的历史、现实，政治、经济、文化、生活方式及价值观的综合印象，是公众和其他社会体对国家本身、国家行为、国家的各项活动及其成果所给予的总的评价和认定，其中既包含对于国家的认识，同时也包含理性评价和感性态度，是一个国家整体实力的体现。因此，具有极大的影响力和凝聚力。

（3）在塑造国家形象的过程中，作为国家政治代表的政府理念、制度和行为具有决定性的作用；各种机构、团体、企业和社会民众也对国家形象的塑造有重要作用；另外，国家的历史、文化，以及自然和社会环境等都是国家形象的重要组成部分。

（4）正面的国家形象则往往使人愿意用更理解、更亲和、更接纳的方式对待该国及其民众的信息和行为，而负面的国家形象，会使人们对这个国家及其民众的所有相关信息和行为的认知和评价带有或多或少、有意无意的敌对性、排斥性和刻板印象。所以，国家形象，作为一种主观印象，实际上构成了人们对于一个国家及其民众的心理预设。

比如，在国家形象的组成中，被媒介客观反映出来的政府、机构、企业和公民的行为，就可以反映出这个国家是否开放、自由、民主、富强，社会是否公平、正义，民众是否诚信、正直、善良、宽容、博大。

3．中国的国家形象

在构建人类命运共同体的过程中，我国正在发展成为一个世界性大国。因此，我国的国家形象也越来越重要，这包括了国家在国内的形象，也包括了其国际形象，它们之间互相参照、相互影响、相互作用，不仅深刻地影响到中华民族每个个体对于国家共同体的认知和认同，还影响到民族凝聚力和归属感，而且也复杂地影响到其他国家和民族对于我国政府、民众，以及所有中国的精神信息和物质产品的接受和评价，从而影响并决定着中国和中国人在世界上的地位。

我国的功夫文化、茶文化、餐饮文化，以及京剧、民俗、民间文化等，都成为国家形象的重要塑造手段。奥运会开幕式，作为一个文化事件，它的华丽、丰富、恢宏，特别是对中国"和"文化精神及与时俱进的民族精神的阐释，塑造了一个文明灿烂、文化独特、开放改革、求新求变的中国国家形象。其不仅惊动了世界，而且也使一些对中国国家形象的评价比较负面的人改变了看法。

我国作为一个正在崛起的大国，其国家的"持续发展性"注定了中国已经并将继续成为世界关注的焦点之一。中国、中国人、中国元素、中国制造、中国创造、中国符号、中国文化等，越来越频繁和突出地出现在全球媒介信息之中，共同建构了"中国形象"，为人们提供了对于中国历史、现状、自然、人文、生活方式和价值观的"综合印象"（图2-1～图2-4）。

因此，中国形象既是国家和民众行为的真实反映，也有世界对中国的认识和评价。

图2-1　中国空间站

图2-2　2022北京冬奥会

图2-3　中国茶道

图2-4　中国书法

4. 城市形象

城市的外在表现是城市形象最直接、最有形的反映。这又可从以下几个方面去体现。

首先，城市的视觉效应，包括市徽、市花、市旗、吉祥物、城市别称、公共指示系统、交通标志、富有特色的旅游点、建筑、绿化等。需要把城市理念、城市精神等通过标语、口号、图案、色彩等形式表现出来，使人们对城市产生系统化的良好印象。城市视觉识别的形成往往以城市的历史文化为背景，以城市的理念识别为基础，以城市的行为识别为依托，向公众直接、迅速地传达城市特征信息，形成城市形象识别的基础（图2-5、图2-6）。

图2-5　成都城市形象识别设计　　　　　　图2-6　上海城市形象识别设计

其次，城市建筑和布局是经济社会活动的结晶，也是影响城市形象的最基本要素。

比如，捷克首都布拉格，市内拥有为数众多的各个历史时期、各种风格的建筑，其中以巴洛克风格和哥特式风格居多，给人整体上的观感是建筑顶部变化特别丰富，并且色彩极为绚丽夺目，非常完整地保留了城市的历史原貌。这也让布拉格成为全球第一个整座城市被指定为世界文化遗产的城市，从而造就了欧洲最美丽的城市之一的城市形象，长久以来成为一座著名的旅游城市（图2-7、图2-8）。

图2-7　布拉格城市建筑　　　　　　　　图2-8　布拉格城市远眺

再比如，美国中西部城市芝加哥，是美国最大的商业中心区和最大的期货市场之一，其都市区新增的企业数一直位居美国第一位，是美国第三大城市，被评为美国发展最均衡的经济体。芝加哥高楼林立，被誉为"摩天大楼的故乡"，因此也是著名的城市旅游胜地。芝加哥有中国人熟知的芝加哥公牛队，是麦当劳总部和波音公司总部的所在地，是美国前总统奥巴马政治生涯起步的地方。城市形象充满着现代和文明（图2-9）。但是，曾经在很多美国当地人心中，芝加哥是特别危险的地方，城市中拥有众多黑帮的聚集地，在这里充斥着广泛的暴力犯罪事件，城市犯罪率居高不下，让人闻风丧胆（图2-10）。芝加哥既是五大湖畔的经济中心，也是黑帮之城。城市形象在不同的人眼里，也呈现出不同的风景。

图 2-9　芝加哥城市建筑

图 2-10　芝加哥抗议活动

5. 企业形象

企业形象可分为企业视觉形象和企业文化形象。

（1）企业视觉形象。企业视觉形象使用图形、符号、文字来具体化企业的形象、精神和价值观，让企业文化从抽象变为具体，通过塑造企业独特的形象，提升人员的认同感（图 2-11、图 2-12）。

企业视觉形象包括企业名称、标志、商标、标准字、标准色、厂容厂貌等。应用标志指象征图案、旗帜、服装、口号、招牌、吉祥物等，厂容厂貌指企业自然环境、店铺、橱窗、办公室、车间及其设计和布置。

企业视觉形象还包括产品形象，指产品的质量、性能、价格，以及设计、外形、名称、商标和包装等给人的整体印象。

所有的企业视觉形象都是企业的外在表现，通过外部形象展示，将企业自身的整体实力、经营理念、行业特征等传递给社会公众。

图 2-11　logo 设计

图 2-12　企业 logo 设计

（2）企业文化形象。企业通过向社会宣传自己的企业经营理念和产品理念来提高自己的知名度，并希望通过自己企业文化被社会的认可，使企业形象的塑造和宣传起到事半功倍的效果。

企业文化形象是需要长期形成和打造的，包括以下两个方面：

1）企业理念。企业理念是由企业哲学、企业宗旨、企业精神、企业发展目标、经营战略、企业道德、企业风气等精神因素构成的。企业理念决定企业形象的风格特点。

2）企业行为。企业行为是由企业组织及组织成员在内部和对外的生产经营管理及非生产经营性活动中表现出来的员工素质、企业制度、行为规范等因素构成的。内部行为包括员工招聘、培训、管理、考核、奖惩，各项管理制度、责任制度的制定和执行，企业风俗习惯等；对外行为包括采购、销售、广告、金融、公益等公共关系活动。企业行为是外界对企业现状所持有的印象，是企业的真实形象。

总之，这就好像一个人物的形象一样。视觉形象就是人物的穿着打扮，而文化形象才是这个人最真实的内涵。

6. 建筑形象

建筑形象是指建筑的体型、立面形式、室内外空间的组织、建筑色彩与材料质感、细部与重点的处理、光影和装饰处理等。建筑形象是功能和技术的综合反映。建筑形象处理得当，就能产生良好的艺术效果，使建筑形象具有文化价值和审美价值，具有象征性和形式美，体现出民族性和时代感。

建筑形象可以反映出建筑功能性的特点，即分为纪念性建筑、宫殿陵墓建筑、宗教建筑、住宅建筑、园林建筑、生产建筑等类型，这些不同的功能建筑又能通过建筑形象去区分和展示。

建筑形象代表技术先进的物质文化与需求创新的精神文化，科技发展丰富了建筑的机理结构，发展需求与审美创新开拓了建筑的精神魅力。现代的建筑是城市发展的符号，是设计思维的风向标，传承着地区的文化特色（图2-13）。

图2-13　四川国际标榜职业学院教学楼

建筑形象具有以下特点：

（1）建筑形象具有独特的美学文化。建筑形象从设计上是符合时代发展潮流和社会发展特征的。建筑师在建造房子的时候，会考虑多方面因素，如实用性和经济功能。在使用材料的时候，也会采用不同的材料和结构来使建筑设计体现独特的美。在建筑样式方面，自然与人文，传统与创新，都会创造出独一无二的建筑形象。

（2）建筑形象具有人文底蕴和民族文化。建筑形象反映出源远流长的文化底蕴，不同的地方有着不同的文化内涵，散发着其独有的文化魅力（图2-14、图2-15）。建筑形象按照不同标准有不同的风格划分，不同的风格通常代表着不同的风土人情。如果我们从国家来分的话，可以分为中国风格、美国风格、英国风格、法国风格等，如果我们按照建筑物的类型划分，那么就会出现住宅建筑风格、别墅建筑风格、商业建筑风格、宗教建筑风格。如果提到历史的话，同样也存在着古希腊建筑、古罗马建筑、欧洲建筑等代表性的建筑。建筑形象能将各类民族元素进行整合，使之成为不可复刻的人文载体。

图2-14　成都安顺廊桥

图2-15　西安大雁塔

7. 人物形象

人物形象与事物形象的区别在于形象主体的不同，即每个人物形象的唯一性、特殊性。人物形象是指通过展现人的精神面貌、性格特征、仪容仪表等，来引起他人思想或感情的活动。每个人都可以通过自己的形象让别人认识自己，而周围的人也会通过外在形象做出认可或不认可的判断，人物形象并不仅仅局限于研究个人特点的发型、妆容和服饰搭配，还包括内在性格的外在表现，如气质、举止、谈吐、生活习惯等。

2.1.1.5　素质素养养成

（1）在学习理解事物形象的基本概念的同时，要具有行业认同感和自豪感。

（2）在理论学习中，要建立正确的社会价值观和崇高的爱国主义精神。

（3）在认知形象概念的过程中，要养成善于学习、善于思考的好习惯。

2.1.1.6　任务实施

2.1.1.6.1　任务分配

表 2-1　学生任务分配表

班级		组号		指导教师	
组长		学号			
组员	姓名	学号		姓名	学号
任务分工					

2.1.1.6.2 自主探学

组号：_____ 姓名：_____ 学号：_____ 检索号：_____

引导问题：观察图 2-16、图 2-17 中的事物，写出你观察到的事物的具体内容和感受。

图 2-16 袁隆平院士在水稻田工作   图 2-17 北京天安门

你看到了

感受到了

任务工作单 2-2　自主探学 2

组号：_____　姓名：_____　学号：_____　检索号：_____

引导问题：小组根据老师分配的资料，分别对资料进行分析，以 PPT 的形式图文并茂地分析案例中事物的特征与你的感受。

事物形象	特征	你的感受
国家形象		
城市形象		
企业形象		
建筑形象		
（其他形象）		

2.1.1.6.3　合作研学

任务工作单 2–3　合作研学

组号：_____　姓名：_____　学号：_____　检索号：_____

引导问题 1： 小组交流讨论，教师参与，小组代表分享 PPT，并讨论事物形象特征包括什么？学生形成具有自己理解领会的认知。

事物形象	特征	你的感受
国家形象		
城市形象		
企业形象		
建筑形象		
（其他形象）		

引导问题 2： 记录自己存在的不足。

2.1.1.6.4　展示赏学

任务工作单 2-4　展示赏学

组号：_____　姓名：_____　学号：_____　检索号：_____

引导问题 1：借鉴每组经验，进一步优化完善概念认知，每小组推荐一位代表来分享小组学习体会，即对事物形象的理解。

事物形象	特征	你的感受
国家形象		
城市形象		
企业形象		
建筑形象		
（其他形象）		

引导问题 2：检讨自己的不足。

2.1.1.7　评价反馈

任务工作单 2-5
自我评价表

任务工作单 2-6
小组内互评验收表

任务工作单 2-7
小组间互评表

任务工作单 2-8
任务完成情况评价表

项目 2.2　人物形象认知

通过学习本项目的内容，完成相应的任务，我们会对人的形象有一个基本的认知，在分析了解古代典型人物形象和当代人物形象特征后，能够提升我们对人在不同时期和时代背景下，呈现出不同形象的原因和影响因素，从而帮助我们更深入地理解人的形象。

任务 2.2.1　中国古代典型人物形象分析

2.2.1.1　任务描述

完成中国古代典型朝代的人物形象分析，并完成 PPT 制作。

2.2.1.2　学习目标

1. 知识目标：掌握形象设计的起源及发展；掌握先秦和秦汉时期的人物形象特征。
2. 能力目标：能对收集来的历史素材进行整理总结；能结合历史特征分析中国某一历史朝代的人物造型特点。
3. 素养目标：培养吃苦耐劳、敬业求真的职业素养；培养高尚的爱国主义情怀和民族自豪感；培养热爱学习、勇于钻研的精神。

2.2.1.3　重点难点

1. 重点：先秦、秦汉时期的发型、妆容、服饰特点分析。
2. 难点：历史人物造型对后世的影响。

2.2.1.4　相关知识链接

1. 人物形象设计的产生

人类进入有意识的制造工具的时期，即开始产生审美意识。实用性（保暖、自我保护、方便劳作等）和审美（精神性）的双重需要，促使形象设计诞生。形象设计起源于人类对自身的装饰。早期用于身体装饰的材料来自自然，如兽皮、树叶、花朵、羽毛等。

辽宁海城小孤山原始遗址出土了迄今最早的穿孔兽牙、蚌饰、骨针，距今约 45 000 年。河北原阳虎头梁遗址出土了穿孔贝壳、石珠、鸵鸟蛋壳、鸟骨制作的扁珠，内孔和外缘光滑，曾被长期佩戴。到距今约 25 000 年前北京山顶洞人，已经用骨针缝制兽皮衣服，并用兽牙、骨管、石珠等做成串饰进行装扮。他们佩戴的装饰品的穿孔都被赤铁矿研磨的红色粉末染红，在埋葬死去亲人的地方，还撒下红色赤铁矿粉。原始人对红色的偏爱，说明其色彩观念与原始宗教观念是结合在一起的。原始遗存显示，早期中国人的发型形式有束发至顶、长短披发、束发后垂、辫发绕额。首饰包括发饰、耳饰、颈饰、佩饰等。

可见，人类对自我形象美的追求可追溯到人类社会的早期。

在远古的旧石器时代，人类还过着极为简陋、原始的穴居生活，其生活的目标只是最为基本的吃饱肚子。由于当时没有发明锐利的器具，所以，当时的人类都是留着长发，任其自然生长，十分零乱，出于劳动和生活的方便，把长长的头发用石头相对砸断、变短，保持自然垂落状态。

到新石器时期，人类掌握了生产工具的制作和使用。至距今5 000年前的仰韶文化时期，人类已经趋向于较为稳定的定居生活。此时的人类，也许是出于劳动时较为方便的需要，将一贯的披发过渡到了挽髻。以后又出于交际和审美的意识，开始懂得了梳理头发。近年，我们从山东大汉口墓葬中的象牙梳等文物中所见到的梳发工具，就是历史的佐证。

随着社会经济的发展和人类生活水平的不断改善，封建社会自夏、商起至西周时期，统治阶级已经基本完善了冠服制度，从国家对人的外在形象的规范反映了人类社会的政治、经济、文化的水平的变化。由于统治阶级愈益通过对自身的仪容的管理体现统治者的统治，所以，发式及其装饰则显得尤为重要。

至春秋战国时间，诸子兴起，百家争鸣，社会思潮趋于活跃，衣冠服饰亦呈百花齐放之态。

至秦汉时期，国家统一，内外交流进一步加强，各类发式及其装饰日趋讲究（图2-18～图2-31）。

图2-18　秦武士发式（正面）

图2-19　秦武士发式复原（正面）

图2-20　秦武士发式（后面）

图2-21　秦武士发式复原（后面）

图 2-22 秦代士兵发式造型 1

图 2-23 秦代士兵发式造型 2

图 2-24 秦代男子椎髻发式

图 2-25 汉代男子戴帽发式

图 2-26 汉代妇人双环灵蛇髻发式

图 2-27 汉代武士发式

图 2-28 汉代女子梳妆造型 1

图 2-29 汉代女子梳妆造型 2

图 2-30　汉代女子梳妆造型 3

图 2-31　羊子山出土发饰造型复原

　　到了中国封建社会的鼎盛时期隋唐年代，政治开明、经济发达、文化繁荣、生活充裕。此时的妇女发式及装饰可谓达到了历史上的顶峰（图 2-32～图 2-37）。

图 2-32　隋代女子盘桓髻发式 1

图 2-33　隋代女子盘桓髻发式 2

图 2-34　唐代贵妇高髻发式面饰蛾翅

图 2-35　唐代宫女坠马髻发

图 2-36　唐代女子峨子凤发式饰步摇

图 2-37　唐代宫女头戴凤卸饰朱玉步摇

自唐代以后，中国又一次进入分裂战乱，多民族文化和宗教进一步融合，五代十国魏晋南北朝期间，人们的发式虽然延续唐五代的风格，但在发型形状及配饰的使用上逐步由奢入俭（图2-38～图2-43）。

图2-38　五代女子高髻发式饰簪花

图2-39　五代妇人高髻发式

图2-40　北魏女子大十字髻发式

图2-41　北魏螺髻发式

图2-42　南朝女侍大髻发式

图2-43　东晋女侍大髻发式

自宋代始，社会发展步入低谷，人们的思想渐趋保守，发式及装饰也基本处于停滞状态，人们的发式也逐渐走向封闭保守（图2-44～图2-47）。

图2-44　宋代妇女牡丹头发式

图2-45　宋代宫女朝天髻发式

图 2-46　宋代女子髻发戴高冠　　　　　图 2-47　宋代女子布包髻发式

　　进入元代，作为中国历史上第一个由少数民族统一的时代，中原文化受到了很大的冲击，人们的发式及穿戴也受到统治者严格的等级制度管理。元代人们的发式进一步走向了低调保守，同时也融入了上述民族的气息（图 2-48～图 2-50）。

图 2-48　元代蒙古贵族戴姑姑冠发式　　图 2-49　元代女子花冠发式　　图 2-50　元代蒙古族发式

　　明清时期，中国逐步由封建社会的兴盛走向没落，直到 1840 年鸦片战争，中国逐步沦为半殖民地、半封建社会，西风渐进，延续两千余年的封建习俗受到了很大的挑战。辛亥革命后，封建统治被一举推翻，各种束缚人们的禁锢被逐步解开，民风民俗也发生了较大的变化，人们的发式妆饰也随之产生变化和开放。待到清末民国初年，封建社会走向瓦解，西洋文化艺术逐步渗透，民间的发式及妆饰受其影响，朝着明快、简洁的方向发展。年轻妇女除部分保留传统的髻式造型外，又在额前覆一绺短发，时称"前刘海"（图 2-51～图 2-53）。

　　前刘海，如追踪溯源的话，出自古代雏发覆额发式。到清光绪庚子年后，则无论是年长、年幼都时兴起这种发式了。此发式最显著的特征是前额的一绺短发，这一绺短发还在一个不太长的流行时期中，经历了自一字式、垂钓式、燕尾式直至满天星式的演变过程，还被冠之为"美人髦"。

图 2-51　清代女子的刘海发型　　图 2-52　古代梳妆工具　　图 2-53　古代洗护染发
　　　　　　　　　　　　　　　　（古今发艺博物馆馆藏）

辛亥革命以后，时兴剪发。约在20世纪30年代，国外妇女的烫发经沿海几个通商口岸传入国内。一时间，人们的发式妆饰大多崇尚西洋，群起仿效，以一少部分达官贵人为代表的西方烫发风潮带动了当时时髦发式的产生。这一时期中国的发型受到了新的影响，从而改变了以往的民族传统。随着辛亥革命后的民族起义，中国进入一个新的时期，国民的发式也产生了巨大的变化，由传统的挽髻向简洁的方向过渡、演变（图5-54、图2-55）。

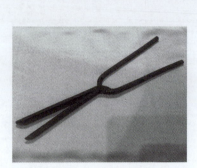
图2-54　早期烫发工具

图2-55　民国时期女子造型

中华人民共和国成立时期，那时的人们受政治影响，发式也发生了巨大的转变。男士发型开始了根本的转变，兴起了三七、四六、中分、等分缝发型，使中国的男士有了新的形象，而女士的三齐发型也相继诞生。

20世纪60年代，由于我国的经济还很落后，发式一直没有什么突破性的转变。70年代后，上海和全国各大城市开始兴起了烫发，使中国的发式又进入一个新的历史时期。80年代，伴随着中国改革开放，发式也产生了巨大的改变，人们对发式开始了新的追求，时尚发型由此时产生了。伴随着改革开放的步伐，我国的美发进入了演变、改革、繁荣、进步的时期。之后随着西方的影响，染发也再度兴起，开始流行黄色（漂染头发）。烫发、染发逐步盛行。2000年至2014年，一些外国发型师受邀来到中国进行表演和教学。一些国内的发型师也开始效仿国外的发型款式，有的还出国学习，引进产品、设备，这些无疑对中国的美发业起到了推动作用。同时，国外的美发教育机构如美国标榜、英国沙宣，进入中国，让我们意识到国外美发界在美发方面取得的成就。经过漫长的历史演变，发型已经成为人们形象中不可或缺的部分，随着相关职业教育的开展，人物形象设计与发型设计也越来越专业化、全球化。

2. 中国古代两个典型历史时期的人物形象特征及背景

（1）先秦时期人物形象特征及背景。先秦人民的总体妆饰以朴素为"尚"。从商朝建立到西周末年，是奴隶制社会的鼎盛时期，其物质、精神文明对后世历史的发展有很深的影响。奴隶主最高首领自称"天子"，统治阶级内部有森严的等级制度，以"礼"的形式固定下来。服饰文化是"礼"的重要内容之一，被赋予强烈的阶级内容，其服务的中心即"天子"。代表服饰：帝王冕服。

1）先秦时期人物形象的总体特色。

①起源早，妇女化妆在商代已经出现。

②个人装饰的社会性、功能性、审美性统一的特征已经确立。《史记·赵世家》记载"法度制令各顺其宜，衣服器械各便其用。"

③出现了相应的工具、材料和较为成熟的思想。殷墟出土的妆饰工具有铜镜、梳、笄，研磨朱砂的玉石臼、杵，调色盘等。

2）头部妆饰。

①头发：古代美发用品被称为泽。唐《中华古今注》记载："周文王又制平头髻，昭帝又制小须变裙髻"。唐宇文氏《妆台记》记载："周文王于髻上加珠翠翘花，傅之铅粉，其髻高名曰凤髻，又有云髻步步而摇。"商代男女发式多独辫、双辫，或盘绕于头顶，或自然垂下。有的直接附加头饰，有的将头发梳成顶髻，以方便戴冠。商代女性发式一度出现鬓发垂下，发尾梳成翻卷向上如蝎子尾的鬓发垂肩款式，沿用到战国末年。

②饰品：主要有梳和笄。梳：商代梳（图2-56）多为长方形；周朝，尤其是春秋战国时期，梳背部多出现弧形，有对称形纹饰（图2-57）。之后，梳的形状更加扁长，齿更多，更具有实用性（图2-58）。至秦汉时期，汉代贵族受楚文化影响，回归简约风貌（图2-59），到了十六国时期，梳子变成扁平状马蹄形，常用于插入头发中起固定和装饰使用（东晋木梳）。

图2-56　马家浜文化遗址出土的象牙梳

图2-57　战国木质梳子

图2-58　山东新泰东周双虎形梳篦

图2-59　马王堆一号汉墓出土的木梳篦

笄：东汉许慎撰《说文解字》记载："笄，簪也"。商周时期有骨笄、玉笄、蚌笄、铜笄、金笄。男女通用，用于固定头发和冠。商代笄有四种形式：圆柱体笄身套接圆锥形笄帽；整块骨头磨成笄首梯形或正方形；整块骨头制作，笄首刻凤；整块骨头制作，笄首刻夔龙纹。

3）面部妆饰。

①粉：夏、商、周三代时期已经奠定以白为美的审美观。以白粉涂面，被称为白妆。材料有铅粉、米粉、水银腻等。以丝绵、绸等材料所制的粉扑为工具。

②胭脂:《续博物志》"三代以降,涂紫草燕脂,周以红花为之。"胭脂来历有多种说法。《中华古今注》记载:"盖起自纣,以红蓝花汁凝作燕脂,以燕地所生,故曰燕脂,涂之作桃花状。"

③眉黛。早在战国时期便已出现画眉之风。画眉的材料是"黛",本意是指"画眉",后来演变为画眉的材料。眉饰:唐代的眉饰(图2-60)具有鲜明的特色。《簪花仕女图》中的仕女形象,花髻饰有牡丹、珠宝,蛾眉粗大突出,给人以华丽之中见情趣的深刻印象。唐初盛行的粗眉饰在图中有形象的描绘。据"十眉图"有八字眉、小山眉、五岳眉等数十种之多,均属粗眉饰,可见唐初时粗眉饰盛行之极。白居易《上阳白发人》中"青黛点眉眉细长……天宝末年时世妆",则记述了至开元、天宝年间,当时的妇女已一改以往以细长眉饰为时髦了。

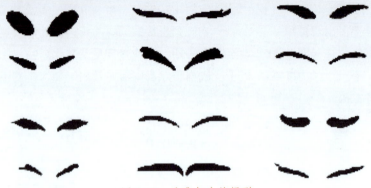

图2-60 古代妇女的眉形

④饰唇。中国古代妇女饰唇的习俗流传已久(图2-61)。所谓饰唇,就是以唇脂涂抹在嘴唇上。由于唇脂颜色有较强的覆盖作用,所以可用来改变嘴型,将嘴形大的改画成小的;将嘴唇厚的改画成薄的。这样,就产生了饰唇的艺术。

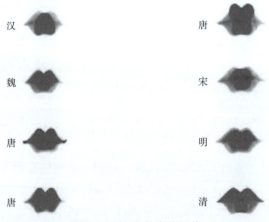

图2-61 古代妇女的唇妆

(2)汉代人物形象特征及背景。汉朝建立之初,国力衰弱。高祖刘邦决定制定服饰礼仪制度,采用秦朝的黑衣大冠为祭服,对一般服饰,除刘邦本人当亭长时用竹皮自制的刘氏冠不许一般人戴外,没有其他禁忌。

1）汉代人物总体特征。

①汉初提倡节俭，后期由俭入奢。

②人们关注对自我形象装扮。

③汉人注重装饰品的使用，珠玉犀象、琥珀玳瑁等高贵的装饰品，受到贵族追捧。

④服装面料以丝绸为尚，贵族之家，奴婢也穿绣衣丝履。

⑤儒家学说衣冠制度全面贯彻的开端。

2）头部装饰。冠帽作为封建社会区分等级地位的基本标志之一，主要有冕冠、长冠、委貌冠、爵弁、通天冠、远游冠、高山冠等（图2-62～图2-65）。

图2-62　冠图1

图2-63　冠图2

图2-64　冠图3

图2-65　冠图4

3）服饰。深衣是汉族男女通用的服装。汉代妇女礼服也为深衣（图2-66），《后汉书·舆服志》中说："太皇太后、皇太后入庙服绀上皂下，蚕，青上缥（青白色）下，皆深衣制。"湖南长沙马王堆西汉长沙王夫人利苍墓，出土袍12件均为深衣，交领右衽，外襟形式有曲裾交领右衽、直裾交领右衽两种。衣料和颜色有差别，红色为上，青绿次之。袍服里面衬衣单衣，称为禅衣，也有直裾、曲裾两种（图2-67）。

图2-66　深衣

图2-67　手绘汉服

汉成帝时规定青绿为民间常服，但蓝色偏暖的青紫为贵族燕居的服色。古时用蓝靛染色，经多次套染而成的深青会泛红光，故怕深青乱紫，连县官也不许穿着。青、绿在视觉上有平和之感，后世一直被定为平民之服。裤子在先前多为无裆的管裤，名为"袴"。将士骑马打仗穿全裆长裤，名为"大袴"。西汉士儒妇女仍穿无裆的袴。汉昭帝时，大将军霍光专权，上官皇后是霍光的外孙女，为了阻挠其他宫女与皇帝亲近，买通医官以爱护汉昭帝身体为名，令宫女都穿着有裆的长裤，并在前后用带系住，名叫穷裤，就是现在的裤子形式。汉代男子所穿的裤，没有裤腰，裆浅，穿在身上会露出肚脐，裤管很肥大。

4）发型。髻作为中国古代妇女最常见的发型，被流传至今，但各代的发髻也有所不同。汉代女性的发型通常以挽髻为主，一般是从头顶中央分清头路，再将两股头发编成一束，由下朝上翻搭，挽成各种式样，有侧在一边的坠马髻、倭堕髻，有盘髻如旋螺的，还有瑶台髻、垂云髻、盘桓髻、百合髻、分髾髻、同心髻、反绾髻等。总体来说，西汉时期的发型大多比较朴素，以平髻为多，很少梳高髻，髻上一般不加包饰，大都作露髻式。东汉时，妇女的发髻有向上发展的趋势，《后汉书·马廖传》上太后疏记载长安城流传"城中好高髻，四方高一尺。"梳高髻需用假发，当时的妇女常在真发中掺入假发梳成高大的发髻，或者直接用假发髻戴在头上，用笄、簪固定，称为"副贰"。还有一种是用金属做框架，用假发和帛巾做成帽子一样的假发，白天佩戴，晚上取下来，称为"帼""巾帼"，后成为妇女的代称。《三国志·魏志》说诸葛亮出斜谷，屡次向司马懿挑战，司马懿闭而不出。诸葛亮无可奈何，派人给他送去一顶巾帼，发泄心中愤懑，并以此嘲笑对方胆小，无男子气概。堕马髻是汉代最著名的发髻形式。据说是东汉梁翼的妻子孙寿所创。《后汉书·梁冀传》记载："寿色美而善为妖态，作愁眉，啼妆，堕马髻，折腰步，龋齿笑，以为媚惑。"堕马髻是一种稍带倾斜的发髻。梁朝诗人徐陵诗"妆蝉鸣之薄鬓，照堕马之垂鬟。"但是据考古发现，这种发髻在西汉的时候就很流行。到了两汉交替的时候，这种发髻逐渐变少，到东汉末年，已经基本绝迹。它的基本形式是正中开缝，分发双颞，至颈后集束为一股，绾成髻后垂于背部，然后从髻中抽出一缕头发朝一侧下垂，好像刚从马上坠下，给人以落魄之感。华南长沙马王堆1号汉墓利仓夫人的发髻，做髻时于真发末端加接假发，梳成盘髻式样，上插三枝梳形笄，有11个梳齿的玳瑁笄、15个梳齿的角笄和20支分三束的竹签。前额及两鬓有长宽约1厘米、厚0.2厘米，涂朱或朱地涂黑、镶金或侧面贴金叶的木花饰品，叫作华胜。另外，还有一个用黑色蚕丝做成的假髻，盛放在一个小盒子里。

5）发饰。古代妇女一向用笄固定发髻，簪是笄的发展，在头部盛加纹饰，可用金、玉、牙、玳瑁等制作，有的有分叉，装饰性更强。华胜是制成花草状插在髻上或缀于额前的装饰。汉代时在华胜上帖金叶或翠鸟羽毛。

步摇是汉代妇女常用的首饰。用金银丝编成花枝，上面点缀珠宝花饰，垂以五彩珠玉，使用时插在头顶，行走时随着步履的移动，下垂的珠玉就会不停摇曳，故名"步摇"。（图2-68～图2-70）。这种形式比较普遍，接近簪的形式。据史书记载，还有一种是步摇冠的形式。《续汉书·舆服志》记皇后服制："假结。步摇，簪珥。步摇以黄金为山题，贯白珠为桂枝相缪，一爵九华，熊、虎、赤黑、天鹿、辟邪、南山丰大特（牛）六兽，《诗》所谓'副笄六珈'者。诸爵兽皆以翡翠为毛羽。金题，白珠珰绕，以翡翠为华云。"山题指额头上正面的装饰板。副，即"覆"，珈，即"加"。全文意思就是覆在头上的假髻，用笄固定，还要用熊、虎、赤黑、天鹿、辟邪、牛六种动物的饰片为饰，再与孔雀、黄金、九种华胜，以及用白珠穿成桂枝般的装饰和白珠做成的耳珰配套。走动的时候，白珠桂枝和耳珰摇动，化静为动，增加更为强烈的效果。南朝梁范靖妻有诗将步摇的形式和女子插着步摇走路的风姿描绘得淋漓尽致，云："珠华萦翡翠，宝叶间金琼。剪葆不似制，为花如自生。低枝拂绣领，微步动瑶瑛。"

图 2-68　花树状金步摇

图 2-69　花蔓状金步摇

图 2-70　金步摇

6）耳饰。瑱：《说文》，"瑱，以玉充耳者。"长沙发掘的西汉后期的玉瑱，白色，无光泽，一端大一端小，中腰内凹。珰：《释名·释首饰》，"穿耳施珠曰珰。"汉末建安时期《孔雀东南飞》中说"著我绣夹裙，事事四五通，足下蹑丝履，头上玳瑁光，腰若流纨素，耳著明月珰。"从字面可知珰是圆形发光的饰物。

①耳环（玦）：耳环的习俗古已有之。

②耳坠：汉代出现的耳坠增加，形式也很多样。比较特别的是辽宁西汉匈奴墓出土的耳坠，每个墓里只有一只，一般是两根金丝拧成双股绳状，端部分开，一支成钩，另一股垂成扁叶状，是比较特别的款式。

2.2.1.5　素质素养养成

（1）在学习过程中，通过对历史时期的人物形象分析，要建立对我国传统文化的热爱。

（2）通过对我国历史朝代人物造型的学习了解，要增强高尚的爱国情怀和民族自豪感。

（3）在收集素材的过程中，要养成爱岗敬业、精益求精的意识。

2.2.1.6 任务实施

2.2.1.6.1 任务分配

表 2-2　学生任务分配表

班级		组号		指导教师	
组长		学号			
组员	姓名	学号		姓名	学号
任务分工					

2.2.1.6.2 自主探学

任务工作单 2-9　自主探学 1

组号：_____　姓名：_____　学号：_____　检索号：_____

引导问题 1：通过参观"古今发艺博物馆"，学习馆藏资料和查阅相关资料，整理先秦时期的人物特征。

部分	特征要素	形成的原因
发型		
饰品		
面部		
服装		

引导问题 2：思考先秦时期人物与现代人形象的差异与原因。

任务工作单 2-10　自主探学 2

组号：_____　姓名：_____　学号：_____　检索号：_____

引导问题 1：通过参观访问各类相关展览或博物馆，学习馆藏资料和查阅相关资料，整理秦汉时期的人物特征。

部分	特征要素	形成的原因
发型		
饰品		
面部		
服装		

引导问题 2：简述秦汉时期人物与现代人在审美上的异同。

任务工作单 2-11　自主探学 3

组号：_____　姓名：_____　学号：_____　检索号：_____

引导问题：选择一个自己喜欢的中国古代人物形象，分析其形象特点及形成原因。

部分	特点要素	形成原因分析
发型		
饰品		
面部		
服装		
……		

2.2.1.6.3　合作研学

任务工作单 2-12
合作研学

2.2.1.6.4　展示赏学

任务工作单 2-13
展示赏学

2.2.1.7　评价反馈

任务工作单 2-14
自我评价表

任务工作单 2-15
小组内互评验收表

任务工作单 2-16
小组间互评表

任务工作单 2-17
任务完成情况评价表

任务 2.2.2　当代典型人物形象分析

2.2.2.1　任务描述

完成当代典型人物形象分析，并完成 PPT 制作。

2.2.2.2　学习目标

1. 知识目标：掌握当代人物形象的知识概念；掌握人物形象与服饰、发型、化妆的关系特征。

2. 能力目标：能独立整理当代人物形象素材；能独立分析当代典型人物个人形象。

3. 素养目标：培养爱岗敬业、吃苦耐劳的精神；培养良好、健康的审美情趣；培养向当代典型人物学习的正能量精神。

2.2.2.3　重点难点

1. 重点：当代典型人物分析方法和流程。

2. 难点：不同人物形象在不同角色之间的转变和内涵。

2.2.2.4　相关知识链接

1. 人物形象设计的发展

人物形象设计自改革开放以来，占据人们生活中的重要地位，贯穿于人们的工作、生活、学习、社交等各个环节，已成为日常生活的一部分。人物形象设计是一种实用性非常强的艺术形态，除可以传播美丽外，还能不断提升大众的审美情趣和欣赏品位，在创作过程中更是注重实用性，在实用和美感之间找到最佳平衡点。

随着时代的变迁，各种文化的融合，审美标准也随着时代特点、民族特征、流行元素和宗教文化而发生改变，同时，网络和新媒体的快速发展，使得人们的审美情趣出现了巨大的差异，形成多样化的审美标准，这也对人物形象设计行业提出了新的机遇和挑战。在以人为本，包容并进的服务行业，引导社会审美和价值观被赋予在新型的形象设计理念中。

2. 人物形象设计的概念

人物形象设计源自舞台美术，后来被时装表演界人士使用，用于时装表演前为模特设计发型、化妆、服饰的整体组合，后发展成为特定消费者所做的相似性质的服务。这里所指的形象设计，又称造型设计，是针对每个人与生俱来的人体基本特征和人的面容、身材、气质及社会角色等各方面综合因素，通过专业判断，确定出最佳色彩范围与风格类型，找到最合适的服饰、发型、化妆、风格的搭配方式，并根据个人的社会角色需求、职业发展方向和场合规则要素来建立和谐完美的个人形象。同时根据这个人所处的外部环境、个人的心理需求、角色需要和场合需求，遵循现代人的审美观，结合流行时尚，塑造可直观反映出一个人的身份、地位、修养、品位等的内容，并成为具有个人高度辨识度的符号。因此，形象设计不是脱离社会、时代、文化及个人需求而孤立存在的，是要符合大众审美取向的。为了完成这一目标，形象设计师需要具备色彩、风格、整体搭配等专业知识，还需要掌握造型元素构造、心理学、营销学、沟通技巧，以及相关的艺术修养等。

3. 设计的概念

设计，指设计师有目标、有计划地进行技术性的创作活动。设计的任务不只是为生活和商业服务，同时也伴有艺术性的创作。根据工业设计师维克多·拍尼克（Victor Papanek）的定义，设计是为构建有意义的秩序而付出的有意识的直觉上的努力。更详细的定义如下：

（1）理解用户的期望、需要、动机，并理解业务、技术和行业上的需求和限制。

（2）将这些所知道的东西转化为对产品的规划（或者产品本身），使得产品的形式、内容和行为变得有用、能用，令人向往，并且在经济和技术上可行。这是设计的意义和基本要求所在。这个定义可以适用于设计的所有领域，尽管不同领域的关注点从形式、内容到行为上均有所不同。

由此可见，设计指的是把握一种计划、规划和解决问题的方法，然后通过视觉的方式传达出来的活动过程。

设计的核心内容包括以下三个方面：一是计划、构思的形成；二是视觉传达方式，即把计划、构思、设想、解决问题的方式利用视觉的方式传达出来；三是计划通过传达之后的具体应用。

4. 人物形象设计所遵循的原则

对一个人进行形象设计时，首先依照他自身身型条件、社会地位、文化背景、个人喜好等综合条件，还需要考虑他所处的外部环境，同时遵循现代人的审美观，将流行时尚很好地运用于形象设计中。

5. 人物形象设计与服装

（1）服装的重要性。人物形象设计中，服装所占比例较大、可视度很高。当前，中国男性的平均身高约 1.68 米，按照头身比例是 1∶7 来计算，人体中有 1.47 米的高度是被服装覆盖的，可见服装在人物形象设计中所占的比例是非常大的。服装除固有的遮羞和保暖功能外，最大特点是起到装饰美化的作用。随着时代的不同，服装流行趋势的不断变化，服装款式、服装色彩、服装材料等日益更新，加之人们对时尚潮流的追捧，在人物形象设计中，服装的视觉冲击力越来越明显，越来越突出。

（2）服装在人物形象设计中的作用。服装使人物形象成为社会角色与特定身份的标志：标明时代变迁，标明社会地位，标明社会职业，标明个体不同的身份和角色。通过着装的不同进行角色转换，使生活更加丰富多彩。由此可见，服装可以帮助人们在不同的环境树立恰当的个人形象。通常人们觉得服装（服饰）更能代表一个人的社会地位、个人修养。人们在社交场合上的服装穿着得体与否，往往会给人不同的印象，如是否充分体现出个人内在气质，是否具有亲和力，是否提升了个人形象，变得更加美貌和优雅，总之是否起到了一个良好的开端。好的服装可以给人们在职场上建立信任。职业形象塑造需要根据职业的要求和客观现状，并考虑个人的职业气质和年龄、办公环境、职业特征、工作特点与行业要求。服装的得体有利于塑造出良好的职业形象，有利于商务谈判，有利于取得上司的信任，有利于自信而顺利地开展工作。

6．人物形象设计与化妆

（1）化妆起源的学说。通过长期的考古及对相关文献的研究，我们发现由于人类各个社会时期的主导文化不同，导致了对人类化妆的起源仅用一种学说很难做出完整的解释。主要的学说有 5 种，具体见二维码内容。

化妆的起源主要学说

（2）当代化妆的概念。化妆是指通过使用化妆品、材料和技术来修饰和美化或改变人的容貌，实现个人对美的追求及适应特殊场合的一种手段。

（3）当代化妆的类型。

1）生活化妆。生活化妆即采用真实、自然、略带修饰性的妆面，呈现并美化化妆对象。其适用于日常生活的各种场景和不同职业人群，从而展现人物的精神风貌，提升自信和魅力，是一种相对简单的化妆造型。

2）影视化妆。影视化妆造型是将电影、电视剧片中的演员形象和角色形象有机地融为一体的一种造型艺术，是综合性影视艺术创作的重要组成部分，是构成剧中人物形象性格化特征的主要因素。

根据人物角色和形象的不同，影视妆可分为影视剧角色妆和广播电视形象妆两大艺术妆种类，而按照艺术妆扮的分类，影视妆是一种典型的人物造型艺术妆。

影视剧角色妆，是根据剧本人物角色的需要而进行塑造的，其意义在于要塑造出另一个人物形象，一个往往是与演员自己不同的角色，因为剧情所处的环境不同，其特点是具有故事情节性，妆扮造型也要随之变化。关键要符合人物特征，妆面自然、真实，由于电影（电视剧）中特写镜头的运用，而对于化妆的要求，也就更加严谨、细致。

影视剧角色妆中还包含影视特效妆，如伤效、光头、怪诞等。

广播电视形象妆包括广播电视节目主持人、播音员和电视、网络视频广告形象代言人等人物的妆扮，是一种知名人士的形象艺术妆。由于有强光的照射，这类妆色需要采用色泽饱和、鲜艳的色彩，轮廓刻画清晰，结构修饰自然。既要与整体形象协调，又要达到美化的目的，个性的体现也是妆容表现的重要内容。

3）舞台化妆。舞台化妆需要对演员须发、头饰、面型及身体裸露部分进行修饰。一是以美化对象的仪表为目的，如歌舞、杂技、曲艺演出中的化妆；二是以塑造角色的外貌形象为目的，如话剧、歌剧、舞剧及戏曲演出中的化妆。这类化妆须根据剧本或剧种的要求，按照角色的身份、年龄、民族、时代、性格等因素塑造角色的外部形象，尽量缩小或弥补演员同角色在外形条件上的差距。

（4）化妆设计的意义和作用。满足社会生活需要（自身美化、社会交往、职业活动等）。

7. 人物形象设计与发型

（1）当代发型设计的发展。进入 2000 年后，西方现代造型设计艺术观念传入中国，如包豪斯设计理念对发型设计领域乃至整个人物形象设计领域产生了巨大影响，特别是后工业时期后现代多元化时代，以及人文回归的诉求等，都对人物形象设计发型的设计如何满足现代社会人们生活方式的变迁起到推动作用。随着物质文化生活的不断丰富，现代社会中人们对发型的需求已不再局限于简单的装饰品的变化，头发的形状、颜色、纹理都成了现代社会人们对发型设计的基本要求。

（2）发型设计的实现方式。

1）发型设计的表现：民族、年龄、阶层、职业、个性、品位等。

2）发型设计实现要素，具体见二维码内容。

（3）发型的分类。

发型设计实现
要素

1）按发丝形态分：直发、卷发。

2）按发丝造型分：散发、束发。

3）按发丝长度分：长发、中长发、短发。

4）按用途分：生活发型（日常发型、晚宴发型、新娘发型）、艺术发型。

5）按风格分：传统、流行、前卫等。

（4）发型设计的特点：实用性、审美性、联想性、流行性、个性、民族性、时代性。

（5）发型在整体形象设计中的地位与作用。发型是形象设计中的重要组成部分，是个人形象标识。

8. 当代典型人物形象分析的前提

形象设计除存在于不同时间（原始人、古代人、当代人、现代人）中，还存在于不同的空间、不同地区、不同地点、不同民族、不同种族中。同一个人在不同的环境中也会表现出不同角色的人物特点。我们进行人物形象分析的第一步就是要区分这个人物在社会中所处的位置和状况，如自然人、社会人、虚拟世界的人等。

9. 审美

（1）审美的概念。美是一种对表象的快感，鉴赏美可以获得某种愉悦。也就是说，美是一切让人感到愉快的事物。审美是主体对客体的自然意识，是人们在社会实践中逐步积累起来的情感、取向、认识和能力的总和。同时，审美还受到客体主观性的影响。主观上是自己感到内心的愉悦，客观上也会受社会审美标准的影响。而审美标准又随着时代特点、民族特征、流行文化和宗教信仰而发生改变，加之人物形象设计的设计对象——人的个性化及审美取向的不稳定性，对设计师的综合能力提出了更高的要求。

人物形象设计与
审美的关系

（2）人物形象设计与审美的关系。

1）人物形象设计需要审美。人物形象设计服务于人们的生活，并通过设计来实现美。随着现代人们生活品质的提高，社交范围和交际频率的增加，对个人形象美的需求也越来越强烈。这样的精神需求会逐步带动大众审美品位的提高，这也对设计师的美感分析和美学创造提出更高的要求。

2）审美取向对人物形象设计的影响。人类文明的进步，造就了多元化的世界，我们生活的社会也呈现出多元化的发展趋势，这必然会引发出多元化的审美取向。

3）人物形象设计中的审美标准。爱美之心，人皆有之，每个人心中对美的认识和感受，大不相同。审美标准必然要符合不同的历史时期和文化背景的特征。

10．分析与理解

（1）不同的人物形象对社会将产生影响。个人形象设计要素包括以下几个方面：体型、发型、化妆、服装款式、饰品配件、个性、心理、文化修养等。同一个人在不同的环境中又扮演着不同的角色，承担着不同的社会责任，因此，同一个人也会在不同的时间、地点、环境中呈现出不同的人物造型，并对社会产生一定的影响。

作为形象设计师，从事的工作范围是对现代个人形象进行整体设计、指导。针对每个人与生俱来的人体基本特征和面型、身材、气质及社会角色等各方面综合因素，通过专业诊断，测试出人的风格类型，并找出现代人在不同环境中，最合适的服饰搭配、发型设计、化妆造型等具有个人辨识度的整体造型。

（2）人的良好形象不光要看外表，而且要看他是否对社会做出贡献。当代典型人物，如劳模英模、时代楷模等人物形象，无一不传递出社会正能量的美。

11．人物形象设计专业的构成要素

（1）设计师。设计师是构成人物形象设计行业的首要基础之一。人物形象设计业是一门专业化、科学化、综合性的新兴行业。人物形象设计师经过系统的专业学习，具备相关理论和实践经验。

在人物形象设计领域中，设计师职业范围广泛，包括职业形象设计师、职业色彩顾问、时尚媒体策划及编辑、高级服装顾问等。对口的工作单位或岗位有形象工作室、化妆品公司、大型百货商场服装主管、摄影工作室、影视娱乐公司、服装公司等。

（2）设计对象。人物形象设计的对象是人，人是这一设计活动存在的首要前提。人天然具有的自然和社会双重属性决定了人们会选择特定的视觉形态出现在他人面前。随着时代发展，人们的物质资料和精神需求日益丰富，尤其是现代社会打破了传统社会等级制度对人物形象的固有约束，社会朝多元化方向发展，人们的需求更加多样化、个性化，这使人物形象设计活动更加复杂，既要注意到作为自然人的人的体型等客观要素，又要注意到作为社会人的人的社会需求等主观要素。

（3）设计方法。设计转化为具体设计形式的结果呈现，分为三个层次：其一，设计范畴，包括构成人物整体外部形象的各个要素，即发型、化妆、服装、饰品及人物外形条件等。它们各自的造型形态共同组成人物形象设计的造型要素。其二，设计要素，包括一般所指的形、色、材质表现等。其三，构成法则，即形式美法则（设计原理），包括节奏、韵律、对比、均衡、发散等。它将具体的形式元素组合在一起，最终呈现出设计师的设计思维和目的。

12．人物形象设计的研究范围

人的外在形象修饰从根本上说是根据社会属性而来的。作为生活在社会群体当中的

个体，以什么样的形象出现，决定因素并非发型、化妆、服装、饰品等物质形式形态，而是个体本身对自我社会角色和社会形象的预设，以及其所处的社会环境的他者人群对该个体的要求、期望，因而具有较强的功利性，侧重其形象传达的内容和意义。这构成人物形象设计的内涵和核心，也是学习的难点。它对设计者提出了更高的包括社会历史文化、地域、心理等诸多人文素养要求。因此，对人物形象设计的研究所涉及范围包括以下内容：

（1）自然科学：对自然人的相关研究（生命科学、生物学）、对相关产品和设备应用原理的研究（化学、物理学）。

当代人物形象
设计的研究方向

（2）人文科学：视觉艺术、美学、文学。

（3）社会科学：心理学、管理学、经济学。

（4）职业与应用科学：管理学、法律。

13. 当代人物形象设计的研究方向

具体内容见二维码。

2.2.2.5 素质素养养成

（1）在分析当代典型人物形象的时候，要树立和弘扬爱岗敬业、吃苦耐劳的精神。

（2）在学习人物的典型事迹的时候，要树立正确的审美观，要养成良好、健康的审美情趣。

（3）在学习中要分析人物形象的正能量精神。

2.2.2.6 任务实施

2.2.2.6.1 任务分配

表 2-3 学生任务分配表

班级		组号		指导教师	
组长		学号			
组员	姓名	学号		姓名	学号
任务分工					

2.2.2.6.2 自主探学

组号：_____ 姓名：_____ 学号：_____ 检索号：_____

引导问题 1： 谈谈你对当代人物形象的认识。

引导问题 2： 你认为与一个人外在形象设计相关的信息和要素，可以通过哪些方式来实现？

引导问题 3： 你可以通过哪些方法获得人物形象的信息和要素？

引导问题 4： 哪些方式是你擅长的？哪些方式是你不擅长的？你准备怎样弥补不足？

任务工作单 2-19 自主探学 2

组号: _____   姓名: _____   学号: _____   检索号: _____

引导问题: 选择一个当代典型人物作为分析对象,通过各种手段,收集人物的相关信息并进行记录,分析要素可自行添加。

人物姓名:

序号	分析要素	记录内容
1	职业	
2	年龄	
3	身材	
4	脸型	
5	皮肤	
6	发型	
7	化妆	
8	服装	
9	服饰	

2.2.2.6.3 合作研学

任务工作单 2-20
合作研学

2.2.2.6.4 展示赏学

任务工作单 2-21
展示赏学

2.2.2.7 评价反馈

任务工作单2-22 自我评价表

组号：_____ 姓名：_____ 学号：_____ 检索号：_____

班级		组名		日期	年 月 日
评价指标	评价内容			分数	分数评定
信息检索	能有效利用网络、图书资源查找有用的相关信息等；能将查到的信息有效地传递到学习中			10分	
感知课堂生活	理解行业特点，认同工作价值；在学习中能获得满足感			10分	
参与态度	积极主动与教师、同学交流，相互尊重、理解，平等相待；与教师、同学之间能够保持多向、丰富、适宜的信息交流			10分	
	能处理好合作学习和独立思考的关系，做到有效学习；能提出有意义的问题或发表个人见解			10分	
知识获得	能掌握当代人物形象的知识概念			10分	
	能掌握人物形象与服饰、发型、化妆的关系特征			10分	
	能独立整理当代人物形象素材			10分	
	能独立分析当代典型人物个人形象			10分	
思维态度	能发现问题、提出问题、分析问题、解决问题，有创新意识			10分	
自评反馈	按时按质完成任务；较好地掌握知识点；具有较强的信息分析能力和理解能力；具有较为全面严谨的思维能力并能条理清楚地表达成文			10分	
自评分数					
有益的经验和做法					
总结反馈建议					

任务工作单 2-23 小组内互评验收表

组号：_____ 姓名：_____ 学号：_____ 检索号：_____

验收组长		组名		日期	年 月 日
组内验收成员					
任务要求	能熟练掌握人物形象与服饰、发型、化妆的关系特征。具备整理素材，独立分析当代典型人物个人形象的能力				
验收文档清单	被验收者任务工作单 2-18				
	被验收者任务工作单 2-19				
	被验收者任务工作单 2-20				
	被验收者任务工作单 2-21				
	文献检索清单				

验收评分	评分标准		分数	得分
	知识概念理解正确，错一处扣 5 分		20 分	
	关键人物元素提取准确，错一处扣 5 分		20 分	
	会根据人物所处的环境不同来分析人物形象的特点，错一处扣 2 分		20 分	
	会使用 PPT 进行图文编辑和演示，错一处扣 2 分		20 分	
	能理解吃苦耐劳、敬业求真、诚信友善的精神，合作沟通良好，能解决问题。少于 5 项，缺一项扣 4 分		20 分	
评价分数				
不足之处				

任务工作单 2-24
小组间互评表

任务工作单 2-25
任务完成情况评价表

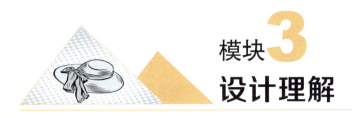

模块 3
设计理解

项目 3.1 设计认知

任务 3.1.1 设计基础内涵认知

3.1.1.1 任务描述

参考设计师的设计作品（见二维码），观察生活中的设计事物，并采用文字和图片相结合的方式，用 PPT 或 Word 文档形式，用规范和专业的语言，理解什么是设计。

图例说明

3.1.1.2 学习目标

1. 知识目标：掌握设计的含义；掌握设计的基础内涵。
2. 能力目标：能理解设计的含义；能运用设计基础内涵观察分析生活中的设计；能熟练使用 Office 办公软件。
3. 素养目标：培养勤于观察思考、分析问题的意识；培养诚实守信，尊重原创的创新精神；培养严谨的逻辑思维能力、语言表达能力。

3.1.1.3 重点难点

1. 重点：设计的认知。
2. 难点：设计师的思维构建。

3.1.1.4 相关知识链接

1. 设计的起源

设计是人类社会发展过程中，改善自身生活方式过程和造物过程中，形成的古老的的技艺。从人类进化到创造器物以增强生存能力、改善自身生活方式的时候起，就产生了人类最初的"设计"（图 3-1）。

基于人类劳动为基础的设计，决定了设计的根本

图 3-1 绞胎瓷碗 陕西博物馆馆藏

目的是为人改善自身生存、发展、生活方式、生活品质服务。在设计的过程中主要有三组关系需要弄清楚：①人类劳动的根本目的是"为人造物"，它所建立的第一个关系就是人与物的关系；②由于构成这个关系的人与物都有共同的自然属性，因此，它又建立了第二个关系，就是人与自然的关系；③设计中的物并不是孤立存在的。其必然与他物发生各种的联系，一种物的存在往往是基于另一种物的存在，它又建立了第三个关系，即物与物的关系。

2. 设计的含义

设计是依照一定的步骤，按预期的意向谋求新的形态和组织，并满足特定的功能要求的过程。设计是把一种计划、规划、设想通过视觉的形式传达出来的活动过程。人类通过劳动改造世界，创造文明，创造物质财富和精神财富，而最基础、最主要的创造活动是造物。设计便是造物活动进行预先的计划，可以把任何造物活动的计划技术和计划过程理解为设计（图3-2）。

图 3-2　鸟巢设计

3. 设计的目的

设计的目的就是为了满足大众的需求，让设计的物品能够得到大众的喜欢，让大众觉得设计很美。研究设计就是要研究大众的需求及喜好，将其转化为产品，并且使人们通过设计感受到产品的品质，从而产生购买的欲望。设计不是艺术，因此，设计不能仅仅根据设计师的喜恶来创作，不能像艺术家那样随心所欲的创作。一个好的设计师必须对时尚潮流具有敏锐的洞察力，对受众的接受能力有很强的观察力，对设计对象的需求、需要具有很强的理解能力，并将其感受应用于设计当中。

把中空的果盘加上一个开口，内层放坚果，外层放果皮，再配以鲜艳的色彩，更显得韵味十足（图 3-3）。这个双层微笑果盘的开口是不是像在冲着人微笑？看到这样的设计应该会让人一天都充满好心情。

图 3-3　双层微笑果盘

4. 设计的特征

（1）本质与目的。设计的本质是指人对物的认识而改变物的性质，通过造物的方法，形成物品为人所用。设计的目的是适应生活的具体需要，顺应社会发展的积极方向，构成历史性的文化积累，从而证明人类高度文明的具体所在。

设计的本质存在有其功能性、精神性、象征性的不同作用。

1）功能性。功能性是设计的主要意义，这是设计的一种本质特征。人类在设计活动中始终将功能性的作用放在首位，这是由于物品的出现是满足生活的实际需要。衣、食、行、用，形形色色、大大小小的物品都是因人的需要而存在，因人的需要而出现。

图 3-4 所示是名为 UNISignal 的红绿灯，其设计简单巧妙地解决了色盲者无法辨认交通信号的问题，红灯是三角形，绿灯是方形，黄灯还是原来的圆形。这是来自韩国的三位设计师 Ji-youn Kim、Soon-young Yang 及 Hwan-ju Jeon 的设计。

图 3-4　UNISignal 的红绿灯设计

2）精神性。精神性是指器具的使用不仅仅为人们在功能上提供方便，还有精神上的愉悦感、舒适感、美感（图 3-5）。例如，逛百货商场，也许最初并无明确的购物意向，但是看到琳琅满目、五彩缤纷的商品，于是萌生着很大的购买冲动，这是商品的外观设计带给消费者的精神愉悦感。

图 3-5　现代人充满设计感的精致生活

3）象征性。象征性是设计物品的出现，对提高社会化文明程度有积极的认同感。现实中的各国国旗、国徽，各个城市城徽，重大的会徽，标志等就有象征意义（图 3-6）。

（2）物化与文化。物化即设计家造物的过程，通过对物性的材料、色彩、造型的分析，运用技术完善物品的功能、结构，装饰的属性，利用包装、广告、展销，与消费者以市场为中介，进入消费者的生活之中。人类在原始社会的自然生活状态下，学会了打制石器，形成旧、新石器不同阶段的制作工具方式。从石器材料角度看，这是人类对物的第一次正面认识，并且能够利用石头这种原生状态的材料进行造物。文化的生成是经过萌芽阶段的培养，逐渐形成系统结构，最终完善精神存在的立场，这是一个有序的链环递进。设计者对文化的继承，一般有原创性、延续性、复合性、反复性几种方式。

1）原创性。原创性是文化的创造对时代发展有启动的作用，即在社会的进步中，个人发挥了巨大的潜能，而标榜风流，这往往是天时、地利、人和的产物，社会现实需要新的文

图 3-6　2008 年北京奥运会会徽

化观念和思想，而设计家厚积薄发，择机而出，其产品又与社会现实有密切的关系。宋代的活字印刷就是一种原创性的设计，为后世文明推进提供了卓越的思维方式（图3-7）。

图3-7　活字印刷板　福建省光泽县博物馆馆藏

活字印刷术是一种古代印刷方法，是中国古代劳动人民经过长期实践和研究才发明的。活字印刷术的发明是印刷史上一次伟大的技术革命。

2）延续性。延续性是指对过去的设计文化在继承中的发展。延续性在设计中是一种积极有效的方法。即对原先物品的不断修正，更新换代，这对现代汽车业、电器业、服装业等方面有重要的影响（图3-8）。

海尔世界家电艺术博物馆 VR

图3-8　手机的迭代

随着人们生活水平的提高，手机已经逐渐从奢侈品发展到了现在十分普及的消费电子产品。回顾手机发展的过程，无论从造型还是功能都发生了翻天覆地的变化。手机的发展也是经过了一次又一次的变革，才形成了如今多样化的造型及功能，而不是单一的通信工具。

3）复合性。复合性设计形态的出现是设计家对历史文化的融合。例如，美国建筑大师弗兰克·劳埃德·赖特（Frank Lloyd Wright）生前设计的8座建筑被申请加入联合国教科文组织的世界遗产名录。这位建筑师的创意时期超过70年，设计的建筑物超过1 000栋，有532栋已经完成。他强调建筑结构应该和人性及周围环境协调，并且分别经历了20世纪初美国新古典主义建筑风格的流行、1929年美国的经济萧条，以及后来建筑现代主义的初期和上升期。

弗兰克·劳埃德·赖特亦是一位复合性设计文化的人物。赖特早年接受芝加哥建筑学派沙利文的影响，后来设计建成了草原式风格的住宅，并提出了"有机的建筑"的理念，追求"住宅有影子协调的感觉，一种结合的感觉，使之成为环境的一部分"（图3-9～图3-11）。

图 3-9　团结教堂（Unity temple）　伊利诺伊州　建于 1906

图 3-10　霍利霍克别墅（Hollyhock House）　加利福尼亚州　建于 1918—1921 年

图 3-11　流水别墅（Falling water）　宾夕法尼亚州　建于 1936—1939 年

4）反复性。反复性是设计文化中常常遇到的一种现象。由于社会的某种原因，而使原来的设计方案搁置，推倒重来，另起炉灶。但是，原先的设计思想和具体的设计的条件，会给设计家以先入为主的影响，反复性的设计也就无形中增添了难度。文艺复兴盛期罗马圣彼得大教堂的设计施工，就成为设计史上一个反复性的例子（图3-12）。

图 3-12　圣彼得大教堂

世界上的大教堂用时都很长，但往往是经费短缺所致。圣彼得大教堂却不是这样。教皇朱利奥二世曾经告诉设计师，考虑建设方案时唯一不用考虑的就是花费。教皇保罗三世甚至挪用了支持十字军攻打土耳其的军费，以保证教堂的建设。圣彼得大教堂之所以费时长久，原因主要出在设计师身上。因为这座教堂先后用过 10 位设计师，他们对教堂的外观风格各有各的想法，继任者常常把大量精力和时间用来纠正既成事实上，使得这个工程往往在徒劳无功中徘徊，从而导致了时间的延长。

（3）装饰与功能。设计活动中，装饰是一个重要的现象，装饰是人的本质体现的一种方式，是潜意识中的需要。从装饰艺术的现象看，装饰的出现具有被动性、技巧性、智慧性几种特点。

1）被动性。把装饰之道列为被动性的说法，是因为作为一种原始方法，也是最广泛、最具体的方法，人的装饰欲望往往是从被动的角度出现的。黑脸变白的方法是黑脸被动地接受白粉的涂抹；脖子有缺陷会用项链遮掩；衣摆袖口容易磨损，花边就是一种装饰。花边对袖口的设计既减少了袖口磨损，同时又美化了毛衣的设计（图 3-13）。

图 3-13　袖口花边设计

2）技巧性。技巧性的装饰是主动行为，设计师在设计方案时，有意利用装饰方法来加强器物的艺术趣味（图 3-14）。最明显的例子是颐和园的设计和装饰，华丽富贵，精雅巧妙，山合水流，花掩幽径，是古典皇家园林的集大成者。

3）智慧性。智慧性的装饰设计如江南园林，曲径通幽，古朴苍郁，白墙青瓦，流水人家（图 3-15）。

图 3-14　鎏金蔓草纹银羽觞
（现存陕西博物馆）

江南园林，是中国古典园林的杰出代表，它特色鲜明地折射出中国人的自然观和人生观。江南园林分为江南古典园林和江南现代园林两种，而古典园林较为著名。江南古典园林是最能代表中国古典园林艺术成就的一个类型，它凝聚了中国知识分子和能工巧匠的勤劳和智慧，蕴含了儒、释、道等哲学、宗教思想及山水诗、画等传统艺术。

图 3-15　江南园林

功能是器具的使用价值。任何器具在生活中的作用都会有自身存在的意义。《韩非子》中的"玉卮无当，不如瓦器"的说法，是强调器具的功能作用，玉卮是一种酒具，无酒饮时，玉卮不如饮水用的瓦器。但是饮酒时，瓦器虽然可以替代，但决不如玉卮。在正常的理想社会生活中，能够人尽其才，物尽其用。设计的作用充分发挥物品的价值和功能。

如图 3-16 所示，设计师特地将这款新型碗的碗底做成了波浪形的模样，如此一来，即便盛满较热的汤汁，碗底也不会与桌面直接接触，以免弄伤桌子，留下难看的烫痕。而波浪形的设计也给碗底与外界留出了空隙，方便空气流通，让碗内的食物更容易散热，也方便人们端起餐具。

图 3-16　波浪形碗底的新型碗

（4）视觉与美感。视觉是设计文化的出发点，人类是不断改变视觉形象来推进思想的发展。即通过"视"来达到"觉"。达·芬奇说过："眼睛是心灵的窗户"。达·芬奇是一个画家，更是一个对图像研究有启蒙意义的重要理论家，他强调"眼睛是更高贵的器官"。视觉是设计的开端，视觉的目的是美感。美感的差异导致不同的消费选择。人的文化生活的不同特点，社会阶层的多样性，物质商品丰富的变化，为人们的美感差异提供了条件。燕瘦环肥，各有所求。人们应该有选择生活方式的自由，而不必固定在一种模式之中。现代社会逐渐开放，为不同的人提供了选择个性化物品的机会。于是，众多消费者喜爱的商品进入了千家万户。

权杖口红（CL）的意义是使用这款口红的女人都是女王（图3-17）。外观设计的灵感很容易发现 CL 的外观设计与 Nerfititi 的项链中锥形吊坠很相似。从符号学来说，三角形和金字塔状都有力量和平衡的意味，而封闭的圆形表示封闭和精英，圆润的弧形又寓意女性。

图 3-17　权杖口红

（5）材料与技术。设计活动中的一个重要现象是每一次新材料的出现，都会引发一回新的设计运动，形成设计文化发展的推动力。因为人类在发掘和认识材料中，不断提高设计的进取意识，材料为设计家提供了创造的丰富灵感。先秦《尚书》中有"多才多艺"的说法，即因材料而产生技艺。《说文解字》中对技术的认识曾有"工，巧也，匠也，善其事也，凡执艺事，成器物以利用，皆谓之工"的解释。这与《考工记》中对"工"——"技术人员"——设计家的技术解释有相同的地方。

为了探索材料与设计的可能性，有趣的学科组合——艺术家、设计师和科学家——在一个共同的实验室空间中平等地合作。他们讨论想法，发现、开发材料的应用，让材料技术设计紧密联系起来。

来自 TU Delft 理工大学实验室的研究人员 Wasabii Ng 目前正在研究"基于菌丝体的材料的触觉特性"。她创造了很多不同有机形状和纹理的"可爱真菌"原型。通过这个实验，展示了一种基于真菌的材料有机形状和纹理，用于衣服面料图案的创新（图3-18）。

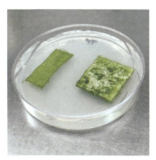

图 3-18　有机形状和纹理的"可爱真菌"原型
（图片来自 TU Delft 理工大学网站：Roya Aghighi）

5. 设计的文化特征

人类通过社会实践活动，创造了人类的文化。文化是人类物质财富和精神财富的总和，是人类世界与自然界相区别的本质因素。

设计是与当时的文化紧密联系在一起的。设计是社会文化的一个有机组成部分，它在文化的参与和制约下展开和完成并体现出当时文化的风貌。不同的文化有着不同的精神风尚和文化心理结构或者说文化心理逻辑，反映不同的价值和审美观念，它们在工业产品、建筑、服饰、环境建设等设计过程中起到不可忽视的作用。

图 3-19～图 3-21 为中西文化对比，不同文化底蕴下的设计呈现。

(a)　　　　　　　　　　　　　　　(b)

图 3-19　同时期中西方人物肖像

（a）清孝贤纯皇后富察氏（1712—1748）；（b）法国路易十六玛丽皇后（1755—1793）

图 3-20　中西方建筑设计特色

图 3-21　中西方餐具设计特色

3.1.1.5　素质素养养成

（1）在学习认知过程中，要养成善于观察、善于思考的好习惯。

（2）在对设计师作品的观察中，养成设计师的观察维度、以人为本的理念，尊重设计师的原创设计。

（3）养成用设计师的思维方式、逻辑和专业语言对设计理解并进行描述。

3.1.1.6　任务实施

3.1.1.6.1　任务分配

表 3-1　学生任务分配表

班级		组号		授课教师	
组长		学号			
组员	<table><tr><th>姓名</th><th>学号</th><th>姓名</th><th>学号</th></tr><tr><td></td><td></td><td></td><td></td></tr><tr><td></td><td></td><td></td><td></td></tr><tr><td></td><td></td><td></td><td></td></tr><tr><td></td><td></td><td></td><td></td></tr><tr><td></td><td></td><td></td><td></td></tr></table>				

3.1.1.6.2　自主探学

任务工作单 3-1　自主探学 1

组号：＿＿＿＿＿＿　　姓名：＿＿＿＿＿＿　　学号：＿＿＿＿＿＿　　检索号：＿＿＿＿＿＿

引导问题：参考二维码"图例说明"中的设计，有目的地观察和体验自己生活中的事物，列举出你生活中能够称为设计的事物，并采用文字和图片相结合的方式，用规范和专业的语言描述它。

任务工作单 3-2 自主探学 2

组号：_____ 姓名：_____ 学号：_____ 检索号：_____

引导问题：观察自己所列举的生活中的 3 个设计事物，运用自己对设计的含义、设计的目的、设计的特征的理解，对它们进行分析并填表。

序号	事物名称	选择它的原因	事物的功能/作用	符合的设计特征	观察/信息搜集方法

3.1.1.6.3 合作研学　　　**3.1.1.6.4 展示赏学**　　　**3.1.1.6.5 方法应用**

任务工作单 3-3
合作研学

任务工作单 3-4
展示赏学

任务工作单 3-5
方法应用

3.1.1.7　评价反馈

任务工作单 3-6　自我评价表

组号：_____　　姓名：_____　　学号：_____　　检索号：_____

班级		组名		日期	年　月　日
评价指标	评价内容			分数	分数评定
信息收集能力	能有效利用网络、图书资源查找有用的相关信息等；能将查到的信息有效地传递到学习中			10 分	
感知课堂生活	能在学习中获得满足感，对课堂生活具有认同感			10 分	
参与态度，沟通能力	积极主动与教师、同学交流，相互尊重、理解，平等相待；与教师、同学之间能够保持多向、丰富、适宜的信息交流			10 分	
	能处理好合作学习和独立思考的关系，做到有效学习；能提出有意义的问题或发表个人见解			10 分	
知识、能力获得情况	能理解设计的定义			10 分	
	能尝试用设计师的视角观察、归纳、分析生活中设计事物的设计内涵			10 分	
	能准确表述对设计的理解			10 分	
	能运用 Office 软件，以专业语言文字和图片结合的形式，完成对设计作品进行表述和分析的 PPT 或 Word 文档			10 分	
思维态度	能发现问题、提出问题、分析问题、解决问题，有创新意识			10 分	
自评反馈	按时按质完成任务；较好地掌握知识点；具有较强的信息分析能力和理解能力；具有较为全面严谨的思维能力并能条理清楚地表达成文			10 分	
自评分数					
有益的经验和做法					
总结反馈建议					

任务工作单 3-7　小组内互评验收表

组号：_____　姓名：_____　学号：_____　检索号：_____

验收组长		组名		日期	年 月 日
组内验收成员					
任务要求	设计定义的认知； 完成用设计师的视角观察、归纳、分析生活中设计事物的设计特征； 完成对设计的理解准确表述； 任务完成过程中，至少包含 2 份文献的检索文献的目录清单				
验收文档清单	被验收者任务工作单 3-1				
	被验收者任务工作单 3-2				
	被验收者任务工作单 3-3				
	被验收者任务工作单 3-4				
	被验收者任务工作单 3-5				
	文献检索清单				

验收评分	评分标准	分数	得分
	能理解设计的定义与内涵，缺一处扣 2 分	25 分	
	能尝试用设计师的视角观察、分析、归纳生活中设计事物的共同设计特征，缺一处扣 2 分	25 分	
	能准确表述对设计的理解，缺一处扣 2 分	25 分	
	文献检索目录清单，少一份扣 10 分	25 分	

评价分数	

总体效果定性评价	

任务工作单 3-8 小组间互评表

(听取各小组长汇报,同学打分)

被评组号:_____ 检索号:_____

班级		评价小组		日期	年 月 日
评价指标	评价内容			分数	分数评定
汇报表述	表述准确			15 分	
	语言流畅			10 分	
	准确反映该组完成任务情况			15 分	
内容 正确度	所表述的内容正确			30 分	
	阐述表达到位			30 分	
互评分数					
简要评述					

任务工作单 3-9
任务完成情况评价表

任务 3.1.2　设计要素与原则认知

图 3-22 所示为帽子魔法师 Philip Treacy 的设计作品。

图 3-22　Philip Treacy 设计作品

Philip Treacy 的
设计

3.1.2.1　任务描述

观察图 3-22 中的设计作品，分析说明设计基础要素的运用表现。

3.1.2.2　学习目标

1. 知识目标：掌握设计基本要素认知；掌握设计原则的内容。

2. 能力目标：能识别并理解设计的基本要素在事物外在形象的表现；能理解设计原则在设计中的应用。

3. 素养目标：培养勤于思考、分析问题的意识；培养创新意识；培养严谨的逻辑思维能力、语言表达能力。

3.1.2.3　重点难点

1. 重点：设计的基本要素；设计原则。

2. 难点：设计师设计思维和创新思维构建。

3.1.2.4　相关知识链接

1. 设计的基本要素

（1）形。形状是由封闭线形成的结果。包括几何形状、有机形状和抽象形状（图 3-23）。

1）几何形状具有结构，通常是精确的（正方形、圆形、三角形）。

2）有机形状缺少明确的边缘，通常感觉自然而光滑。

3）抽象形状是现实的简约表示，如图 3-24 所示。

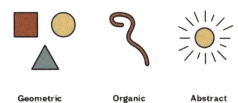

图 3-23　形状的表现

图 3-24　抽象形状对现实的简约表示

（2）颜色。颜色可以应用到先前提到的任何元素。颜色会产生情绪，并在特殊环境代表不同象征意义（图 3-25）。

（3）纹理。纹理既包括通常意义上物体表面的纹理，即使物体表面呈现凹凸不平的沟纹，同时也包括在物体的光滑表面上的彩色图案，纹理能够为设计增添触觉外观（图 3-26）。

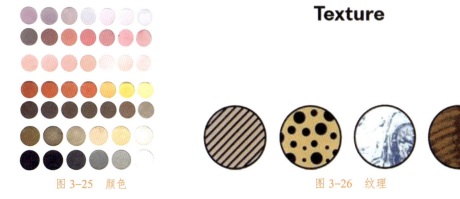

图 3-25　颜色　　　　　　　　图 3-26　纹理

2. 设计的原则

现代设计与其他文化行为和创造工作一样，有其内在的客观规律性。现代设计原则定位于由它们组成的多轴坐标上，可以归纳为功能原则、经济性原则、技术性原则、艺术性原则等。

（1）功能原则。功能原则是指设计产品时要考虑该产品应当具有的目的和效用，其实也就是合目的性原则，即是指设计产品时应具有的目的与效用，以功能目的为设计的出发点。功能性原则是现代设计最基本的原则，从古罗马的建筑"适用、坚固、美观"原则到我国提倡的"适用、经济"，两者都是把"适用性"放在第一位。

如果从人类生存发展的角度讲，正如我国古代思想家墨子所说："食必常饱，然后求美；衣必常暖，然后求丽；居必常安，然后求乐。"（《墨子佚文》）这与美国人本主义心理学家马斯洛的需要层次论看法大体是一致的。他认为，人只有在生理需要和安全需要等低级需要得到基本满足后，才会产生精神等方面的高级需要，因此，低级需要是人最基本的需要。

现代一些常见的功能性设计（图3-27）如下：

图 3-27 现代的功能性设计

1）卧室采用双控设计，不用为下床关灯而烦恼。

2）标准配置床头4个五孔插座，同时满足手机、电脑、平板电脑、台灯使用。

3）马桶侧面安装防溅射五孔插座，以备将来升级智能马桶。

4）厨房安装2个带开关五孔插座，4个五孔插座，满足厨房电器的正常使用。

5）厨房台盆下方安装1个五孔插座，方便使用小厨宝或者净水器。

6）橱柜踢脚线使用铝合金材料，更加耐久、美观，方便清理。

7）卫生间标配淋浴隔断，真正做到干湿分离。

8）餐厅配备2个五孔插座，以备吸尘器、电风扇、火锅等方便使用。

9）污水管道采用消声降噪处理，减少烦恼。

（2）经济性原则。经济性原则是现代设计师要考虑经济核算问题，考虑原材料费用、生产成本、产品价格、运输、贮藏展示推销等费用的便宜合理，力求以最小的成本获得适用、优质、美观的设计。

塑胶灯具有造型多变、造价低、易清洁打理、颜色选择丰富等优点，是目前比较受年轻人喜爱的灯具品种（图3-28）。

（3）技术性原则。技术性原则是指设计时要考虑现代材料的性能和加工方法所起的作用，因材施技，要考虑反映新科技成果和新加工工艺，以利于优质、高效地批量生产。

技术是设计的平台，技术的进步直接制约设计的发展，先进的技术可以使人们的设计得以实现（图3-29）。

图 3-28　塑胶灯具

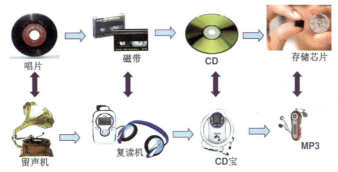

图 3-29　技术推动设计

（4）艺术性原则。艺术性原则是指设计时要考虑所设计的产品或作品的艺术性，使它的造型具有恰当的审美特征和较高的艺术品位，从而给受众以美感享受。通过设计作品的外在形式唤起人们的审美感受，从而满足人们的审美需要，这种设计师与消费者之间的互动关系称为审美功能。现代设计艺术性原则是指设计师在设计时，要考虑作品具有较好的审美功能和艺术品位，从而给受众以审美享受。

设计作品与纯艺术品不同，它的审美功能是在物质功能基础上产生的一种精神功能和心理功能。作为人工制品的设计作品与纯艺术品一样具有美的普遍属性。当设计师抛弃设计作品的物质功能而独立观照其外在形式时，它的审美功能就会凸现出来，而成为一种审美对象。这时，人们就能通过对设计作品的整体形象或某些局部的形式因素的感知过程，直接体验到一种特殊的感情，即"美感"，从而会对它作出某种意向的评价。

艺术设计侧重欣赏、审美，更强调感觉的需要，沙发的设计也同样重要，不仅要颜值高，也要具有足够的舒适感（图3-30）。

（5）变化性原则。变化是客观存在的规律，设计自身的变化和时代的变化，是两个相辅相成、互为因果的变量因素，它们共同组成了设计变化原则的基本内容。任何一件设计作品都不可能是永恒的。虽然历代设计师创造了流芳百世的精品之作。但是，后人的评价往往是站在充分理解当时特有的政治、经济、文化、科技背景之后，而称为"永恒"。因此，不变的"永恒"是相对的，每一个时代的设计概念、设计方法和设计实现过程体现在设计作品中都无不印有那个时代特殊的烙印（图3-31）。

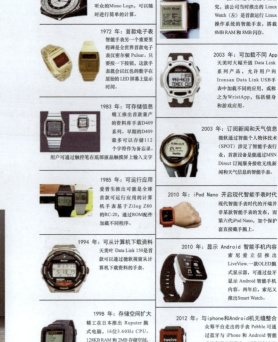

1940 年：首款计算器表 首款计算器表问世，就是听众的Mimo Logn，可以随时进行简单的计算。	2000 年：首款 Linux 操作系统智能手表 IBM 极大推进了智能手表研究，该公司当时推出的 Linux Watch（左）是首款运行 Linux 操作系统的智能手表，搭载 8MB RAM 和 8MB 闪存。
1972 年：首款电子表 智能手表另一个重要里程碑是全世界首款电子表汉密尔顿 Pulsar。只要按一下按钮，这款手表就会以红色的数字在原始的 LED 屏幕上显示时间。	2003 年：可加载不同 App 天美时大幅升级 Data Link 系列产品，允许用户向 Ironsan Data Link USB手表中载入不同的应用，或称之为 WristApp，包括健身和游戏应用。
1983 年：可存储信息 精工推出首款量产的资料库手表D409系列。早期的D409最多可以存储112字符作为备忘录。 用户可通过触控笔在底部液晶触摸屏上输入文字	2003 年：订阅新闻和天气信息 微软通过个人物体技术（SPOT）涉足了智能手表行业，首款设备是能通过MSN Direct 订阅服务接收无线新闻和天气信息的智能手表。
1985 年：可运行应用 爱普生推出可能是全球首款可运行应用的计算机手表是基于 Zilog Z80 的RC-20，通过ROM配件加载不同程序。	2010 年：iPod Nano 开启现代智能手表时代 现代智能手表时代的开瑞并非某款智能手表的发布，而第六代iPod Nano，加个保护套直接藏手腕上。
1994 年：可从计算机下载资料 天美时 Data Link 150是首款可以通过微软视窗从计算机下载资料的手表。	2010 年：显示 Android 智能手机内容 索尼爱立信推出 LiveView，一款OLED腕式显示器，可通过蓝牙显示 Android 智能手机内容。两年后，索尼又推出Smart Watch。
1998 年：存储空间扩大 精工在日本推出 Ruputer 腕式电脑，16位3.60Hz CPU、128KB RAM和2MB 存储空间，可加载任何针对该平台编写的程序。	2012 年：与iphone和Android机无缝整合 众筹平台走出的手表 Pebble。可通过蓝牙与 iPhone 和 Android 智能手机实现无缝整合，还能运行定制应用。

图 3-30　无序之椅（Lawless Chair）　　　图 3-31　钛媒体整理的智能手表简史图

（6）主体性原则。主体性原则是指设计的主体性，是对设计目的出发点的把握。现代设计作为人类物质文化的审美创造活动，其根本目的是为了人，因此，设计活动自始至终都必须从主体的人出发，把人的物质与精神方面的需求放在第一要素的位置上来考虑。

（7）创新性原则。创新就是突破、变通、创造，就是打破旧的思维模式，开拓新的思维空间，要推陈出新，不断创造新的设计成果，为繁荣社会经济，提高生活品质做出贡献。创新性原则无疑是现代设计活动必须遵循的一条重要的原则。一切创新成果都是人类智慧的物化、思维的结晶。我们生活在创造的环境中，享受着人类各种创造活动的恩泽，我们面临着当代社会的各种文明成果，哪一种不是人类思维的创造？哪一种不是创新的成果？现代设计作为人类智慧的创造性活动，其创新是一个非常重要的技术指标。

（8）总体性原则。总体的概念，是指设计的对象——物，及物所涉及的周围相关环境与物的使用者——人之间的协调关系。在这里，关系的意义并不是三者的简单相加，它包含了物、环境、人各自独立的多层次需要和连接三者有效地构成一个完整的、完善的统一整体的含义。"协调"便是使这种关系趋于和谐的基本原则。

3.1.2.5　素质素养养成

（1）在学习过程中，通过对设计要素与原则的学习分析，培养创新的意识。
（2）在收集素材的过程中，培养严谨的逻辑思维能力、精益求精的精神。

3.1.2.6 任务实施

3.1.2.6.1 任务分配

表3-2 学生任务分配表

班级		组号		授课教师		
组长		学号				
组员	姓名	学号		姓名		学号

3.1.2.6.2 自主探学

任务工作单3-10　自主探学

组号：_____　姓名：_____　学号：_____　检索号：_____

引导问题 1：观察案例，选择其中三个作品，分析它的设计的基本要素，并用适当的文字进行描述并填表。

序号	形	纹理	颜色

引导问题 2：试着用设计师的思维角度，描述选择它们的理由。

3.1.2.6.3　合作研学

任务工作单 3-11
合作研学 1

任务工作单 3-12
合作研学 2

3.1.2.6.4　展示赏学

任务工作单 3-13
展示赏学

3.1.2.6.5　方法应用

任务工作单 3-14　方法应用

组号：_____　姓名：_____　学号：_____　检索号：_____

引导问题：选择一个特定事物，用自己对所学设计原理、设计原则知识的理解，用规范的语言文字，对选择的事物进行分析和评价。

3.1.2.7 评价反馈

任务工作单 3-15 自我评价表

组号：_____ 姓名：_____ 学号：_____ 检索号：_____

班级			组名		日期	年 月 日
评价指标	评价内容				分数	分数评定
信息收集能力	能有效利用网络、图书资源查找有用的相关信息等；能将查到的信息有效地传递到学习中				5分	
感知课堂生活	能在学习中获得满足感，对课堂生活具有认同感				5分	
参与态度，沟通能力	积极主动与教师、同学交流，相互尊重、理解，平等相待；与教师、同学之间能够保持多向、丰富、适宜的信息交流				10分	
	能处理好合作学习和独立思考的关系，做到有效学习；能提出有意义的问题或发表个人见解				10分	
知识获得	设计的基础元素				10分	
	设计原则				10分	
	能根据设计案例分析基础元素的特点				10分	
	完成对设计案例作品的设计基础元素与原则运用分析				10分	
	能运用 Office 软件，以专业语言文字和图片结合的形式，完成对设计作品进行表述和分析的 PPT 或 Word 文档				10分	
思维态度	能发现问题、提出问题、分析问题、解决问题，有创新意识				10分	
自评反馈	按时按质完成任务；较好地掌握知识点；具有较强的信息分析能力和理解能力；具有较为全面严谨的思维能力并能条理清楚地表达成文				10分	
自评分数						
有益的经验和做法						
总结反馈建议						

任务工作单 3-16　小组内互评验收表

组号：＿＿＿＿＿＿　姓名：＿＿＿＿＿＿　学号：＿＿＿＿＿＿　检索号：＿＿＿＿＿＿

验收组长		组名		日期	年　月　日
组内验收成员					
任务要求	对设计基础元素的认知； 对三大构成的要素的认知； 运用设计基础元素和三大构成要素收集形象设计案例作品； 对形象设计案例作品中设计基础元素及三大构成要素的运用进行分析； 任务完成过程中，至少包含 2 份文献的检索文献的目录清单				
文档验收清单	被验收者完成的任务工作单 3-10				
	被验收者完成的任务工作单 3-11				
	被验收者完成的任务工作单 3-12				
	被验收者完成的任务工作单 3-13				
	被验收者完成的任务工作单 3-14				
	文献检索清单				
验收评分	评分标准			分数	得分
	能准确表述设计基础元素，缺一处扣 2 分			20 分	
	能准确对设计原则进行表述，缺一处扣 2 分			20 分	
	能分析作品中设计基本元素与设计原则要素的特点，缺一处扣 2 分			20 分	
	能根据设计基本元素和设计原则对应收集设计案例，缺一处扣 2 分			20 分	
	文献检索目录清单，少一份扣 10 分			20 分	
评价分数					
总体效果定性评价					

任务工作单 3-17 小组间互评表

（听取各小组长汇报，同学打分）

被评组号：_____ 检索号：_____

班级		评价小组		日期	年 月 日
评价指标	评价内容			分数	分数评定
汇报表述	表述准确			15 分	
	语言流畅			10 分	
	准确反映该组完成任务情况			15 分	
内容正确度	所表述的内容正确			30 分	
	阐述表达到位			30 分	
互评分数					
简要评述					

任务工作单 3-18
任务完成情况评价表

项目 3.2　艺术设计认知

任务 3.2.1　艺术认知

3.2.1.1　任务描述

参考案例，用规范和专业的语言描述对艺术的理解与认知。并用文字和图片结合的方式，用 PPT 或 Word 文档形式呈现。

《无名的侧颜》
作品介绍

3.2.1.2　学习目标

1．知识目标：掌握艺术的含义；掌握艺术的内涵。
2．能力目标：能理解什么是艺术；能理解艺术的内涵；能运用自己的感知力感知艺术，并用文字表达。
3．素养目标：培养勤于观察思考、分析问题的意识；培养艺术感知意识；培养正确的审美意识。

3.2.1.3　重点难点

1．重点：艺术的认知。
2．难点：艺术感知力与审美力。

3.2.1.4　相关知识链接

1．艺术的概念

艺术是指才艺和技术的统称，词义很广，后慢慢加入各种优质思想而演化成一种对美、思想、境界的术语。艺术是一种审美的意识形态，艺术是广泛的人类活动（或其产品），涉及创造性的想象力，旨在表达技术熟练程度、美感、情感力量或概念、观念。

图 3-32 为概念艺术大师 CM（克雷格·穆林斯，Craig Mullins）场景画作。

图 3-32　CM 场景画作

2. 艺术的内涵

艺术是借助一些手段或媒介塑造形象、营造氛围，来反映现实、寄托情感的一种文化。艺术，是用形象来反映现实但比现实有典型性的社会意识形态。它的反映本质是审美的而不是科学的，是一种不同于科学的反映，是拟人化的反映，即它的反映是体验的、形象的，而不是抽象的、概念的。从哲学和科学角度说艺术是人类表达真理的一种特殊形式；从政治学角度说艺术是阶级斗争的工具；从社会角度学

艺术的内涵

说艺术是对现实生活的反映；从心理学角度说艺术是人类心理需求的补偿形式；从伦理学角度说艺术是道德情感的净化和完美人格的塑造；从工艺学角度说艺术是技艺等。上述说法都是自觉不自觉地将艺术变成了哲学科学、政治学、心理学、社会学、伦理学、工艺学等的附庸。

艺术可以是宏观概念，也可以是个体现象，是通过捕捉与挖掘、感受与分析、整合与运用（形体的组合过程、生物的生命过程、故事的发展过程）等方式对客观或主观对象进行感知、学习、表达等活动的过程，或是通过感受（视觉、听觉、触觉）得到的形式展示出来的阶段性结果。

图 3-33 来自摄影师兼美术设计 Aritz Bermudez 的作品《风景剪影》。艺术家巧妙地将风景画和剪影画相结合，通过人物头像的剪影将两处完全不同的风景结合在一幅画中，使得作品有了分明的层次感。

图 3-33　Aritz Bermudez 的作品《风景剪影》

3. 艺术的类型

艺术体现和物化着人的一定审美观念、审美趣味与审美理想。无论艺术的审美创造抑或审美接受，都需要通过主体一定的感官去感受和传达并引发相应的审美经验。对艺术的审美分类，主要应根据主体的审美感受、知觉方式来进行。依据这个原则，艺术可以分为语言艺术、造型艺术、表演艺术和综合艺术四大类。语言是思维的外壳，是思想的直接现实。文学对人类生活以及艺术家思想情感的反映、表达，有着一定的理性深度，是一种精神性的存在。同时，由于文学作品中的词义所提供的一切，要受到思维确定性的规范，因而，它往往比其他艺术形式更易明确表达创造主体的思想，有着更为明显的理性力量。

4. 艺术的意义和作用

艺术的价值就是从美中感受愉悦、挖掘心灵，艺术的意义就是意识与现实的协调。艺术的价值，人为核心，人们的审美态度决定了艺术的价值。艺术是精神产物，与人们的生活息息相关，它可以丰富人们的精神生活。艺术的价值不止局限于生活，它在社会、历史、商业都有很大的价值。作为欣赏者，通过画面、声音、体验、观察、想象、情感多维度感知艺术作品的美，以此获得精神情感上的愉悦。

艺术的意义在于满足人们精神层面的意识形态。当现实和意识摩擦，当理性与感性

碰撞，相互融合，由此孕育了艺术。艺术的意义更像一种信念，可以用音乐洗涤心灵，电影感悟人。

3.2.1.5　素质素养养成

（1）掌握一定的审美知识，能感受并欣赏生活、自然、艺术和科学中的美。

（2）善于发现美，学会欣赏美，有健康的审美情趣。

3.2.1.6　任务实施

3.2.1.6.1　任务分配

表3-3　学生任务分配表

班级		组号		授课教师	
组长		学号			
组员	姓名	学号		姓名	学号

3.2.1.6.2　自主探学

任务工作单3-19　自主探学1

组号：_____　姓名：_____　学号：_____　检索号：_____

引导问题：观看秒懂百科"艺术"视频，谈谈你对艺术的理解。

任务工作单 3-20　自主探学 2

组号：_____　姓名：_____　学号：_____　检索号：_____

引导问题： 根据对艺术内涵的理解收集三幅艺术作品图片，并完成你对这些对艺术作品的基本分析。

艺术品案例（图）	所属艺术类型	艺术感知方式	艺术感受及意义

3.2.1.6.3　合作研学

任务工作单 3-21
合作研学

3.2.1.6.4　展示赏学

任务工作单 3-22
展示赏学

3.2.1.6.5　方法应用

任务工作单 3-23　方法应用

组号：_____　姓名：_____　学号：_____　检索号：_____

引导问题 1： 自己再次选择一个艺术品案例，结合对艺术的理解和感知，用文字和图片结合的方式，通过 PPT 或 Word 对其进行分析和评价。

艺术品案例	所属艺术类型	艺术感知方式	艺术感受及意义	艺术内涵	你的评价

引导问题 2: 结合所学知识和参与课堂活动的感受,用自己的话表述"什么是艺术"?"人物形象"是否属于艺术的范畴?为什么?

3.2.1.7 评价反馈

任务工作单 3-24 自我评价表

组号: _____ 姓名: _____ 学号: _____ 检索号: _____

班级		组名		日期	年 月 日
评价指标	评价内容			分数	分数评定
信息收集能力	能有效利用网络、图书资源查找有用的相关信息等;能将查到的信息有效地传递到学习中			10分	
感知课堂生活	能在学习中获得满足感,对课堂生活具有认同感			10分	
参与态度,沟通能力	积极主动与教师、同学交流,相互尊重、理解、平等相待;与教师、同学之间能够保持多向、丰富、适宜的信息交流			10分	
	能处理好合作学习和独立思考的关系,做到有效学习;能提出有意义的问题或发表个人见解			10分	
知识、能力获得情况	能理解艺术的定义			10分	
	能理解艺术的内涵,收集艺术作品案例并对其进行基本分析			10分	
	能准确表述对艺术以及对艺术与人物形象的关系的理解			10分	
	能运用 Office 软件,以专业语言文字和图片结合的形式,完成对设计作品进行表述和分析的 PPT 或 Word 文档			10分	
思维态度	能发现问题、提出问题、分析问题、解决问题,有创新意识			10分	
自评反馈	按时按质完成任务;较好地掌握知识点;具有较强的信息分析能力和理解能力;具有较为全面严谨的思维能力并能条理清楚地表达成文			10分	
自评分数					
有益的经验和做法					
总结反馈建议					

任务工作单 3-25　小组内互评验收表

组号：_____　姓名：_____　学号：_____　检索号：_____

验收组长		组名		日期	年 月 日
组内验收成员					
任务要求	理解艺术的定义； 完成对收集艺术作品案例的收集与分析； 完成对艺术以及对艺术与人物形象的关系的理解表述； 任务完成过程中，至少包含 2 份文献的检索文献的目录清单				
文档验收清单	被验收者完成的任务工作单 3-19				
	被验收者完成的任务工作单 3-20				
	被验收者完成的任务工作单 3-22				
	被验收者完成的任务工作单 3-23				
	文献检索清单				
验收评分	评分标准		分数		得分
	能理解艺术的定义，缺一处扣 2 分		25 分		
	完成对收集艺术作品案例的收集，缺一处扣 2 分		25 分		
	完成对艺术以及对艺术作品的分析、规范表述，缺一处扣 2 分		25 分		
	文献检索目录清单，少一份扣 10 分		25 分		
	评价分数				
总体效果定性评价					

任务工作单 3-26 小组间互评表

（听取各小组长汇报，同学打分）

被评组号：_____ 检索号：_____

班级		评价小组		日期	年月日
评价指标	评价内容			分数	分数评定
汇报表述	表述准确			15分	
	语言流畅			10分	
	准确反映该组完成任务情况			15分	
内容正确度	所表述的内容正确			30分	
	阐述表达到位			30分	
互评分数					
简要评述					

任务工作单 3-27
任务完成情况评价表

任务 3.2.2　艺术设计要素认知

人们总是给艺术下不同的定义，例如：艺术是艺术家创造的、艺术不分类别、艺术需要引起情感共鸣、艺术与创新不可分割……

然而，"艺术究竟是什么"却是一个永恒的遗留问题。

设计师 Dysfunctional 重新思考了艺术与设计的界限、功能性在艺术领域的渗透，以及艺术家与世界的紧密联系。座椅、烛台、吊灯、时钟；功能性的设计与艺术品被布展在宽阔的空间内显得更加精美绝伦（图 3-34～图 3-37）。

图 3-34　设计师 Dysfunctional 设计的时钟

图 3-35　设计师 Dysfunctional 设计的烛台

图 3-36　设计师 Dysfunctional 设计的吊灯 1

图 3-37　设计师 Dysfunctional 设计的吊灯 2

3.2.2.1　任务描述

参考案例，用规范和专业的语言分析艺术设计的要素，并用文字和图片结合的方式，用 PPT 或 Word 文档形式呈现。

3.2.2.2　学习目标

1. 知识目标：理解艺术设计的概念；掌握艺术设计的要素。
2. 能力目标：能理解艺术设计；能理解艺术与设计的关系；能使用 Office 办公软件

和规范的文字语言分析艺术设计作品。

3．素养目标：培养勤于观察思考、分析问题的意识；培养艺术审美能力；培养艺术设计以人为本的意识。

3.2.2.3　重点难点

1．重点：艺术设计的认知。
2．难点：设计师的思维构建。

艺术设计的
概念

3.2.2.4　相关知识链接

1. 艺术设计的概念

关于艺术设计的概念从来就没有一个权威性的定义，因为它的内涵与外延总是伴随社会的历史发展而不断地发生着变化。艺术设计的概念尽管存在许多的不确定性，然而对一个事物的概念认知是进入这个事物内部的蓝图，因此，它仍然是学习艺术设计的基本内容，而且它可以指示我们如何循着一个正确的路线去探寻、了解艺术设计。艺术设计是一门独立的艺术学科，艺术设计是专业名词，主要包含：环境设计专业方向、平面设计专业方向、视觉传达专业方向、产品设计专业方向等。它的研究内容和服务对象有别于传统的艺术门类；同时，艺术设计也是一门综合性极强的学科，它涉及社会、文化、经济、市场、科技等诸多方面的因素，其审美标准也随着这些因素的变化而改变。

2. 艺术设计的美学与要素

现代艺术设计作为艺术与科学技术高度结合的产物，是把人类的美学理想和审美经验灌注于人类的造物活动之中的创造性活动。艺术设计的美学，被定义为在物质文化的创造中所涉及的美学问题，集中体现在现代人工技术的审美创造上。它研究的核心命题是，对在环境中设计产品的形式和本质进行美学解读。因此，它是一种审美的形态学研究。另一方面，人工技术产品作为人的目的之一，除物质的实用性功能外，还具有文化和精神的功能，它直接由人的行为、经验和精神的内在尺度与其发生着普遍的、丰富的心理联系，因而，它又是一种审美的心理学研究。

（1）技术美学与要素。技术美学研究的核心范畴就是技术美。所谓"技术"是人类文明的成果和实践经验的积累，是人类从事生产劳动的必要手段和人类最基本的物质生产能力，是依据一定的物质形式对自然物进行改造、重组、建构的方式和过程。

"技术美"是以技术为手段，以满足人的意志、观念、情感等需要为目的，产生的技术产品，其过程和结果带来的审美问题。人物形象设计是通过美发、化妆、美甲、服饰等造型技术，以满足人的外在形象美的塑造为目的的活动，其过程中凝聚的审美过程，利用材料、结构、形式（形、纹理、颜色），通过改造、重组、建构方式满足功能和解决美学问题，亦是技术美学在人物形象设计领域的应用的要素。

（2）形态美学与要素。形态美学是研究形态在视觉设计中的美学意义。形态有广义和狭义的概念。狭义的形态概念是指事物的表象或样式，也是相对于内容来说的形式。一般来说，内容决定形式，形式服从于内容。但是，形式又具有相对的独立性，这种独立性是由形式自身的规律所构成的，是能够脱离内容而独立存在的部分，表现为形式构成的规律和形态视觉认知的规律，这就是狭义的形态概念。广义形态为物体空间所占有的轮廓关系和面相关系，它们可以是平面的，也可以是立体的。设计形式总是由狭义的形态来具体构成的。

形态是眼睛所把握的物体的基本特征之一。形态美学研究狭义的形态关系，是通过对形态的构成规律和认知规律的研究，来探寻形式审美规律如何通过形态的表现来传达审美意义的。

形态的基本要素：点、线、面、体、形状、颜色、纹理，所有的形态都是由以上要素构成，形态美学是研究这些要素的美学关系和美学原则。人物形象设计中要通过学习平面构成、立体构成、色彩配置的内容，来理解和掌握形态美学要素和美学原则。

自然形态是设计造型的优秀原型，在现代设计中，模拟自然物的造型发展为一种专门的仿生学（图 3-38）。

图 3-38　水母仿生造型

在人物形象设计艺术设计基础中，形态美学训练项目是非常重要的科目。

（3）形式美学。所谓形式法则，就是形式构成的基本规律。这个规律不是来自设计，而是自然界普遍存在的形式规律，这个规律具有合目的性，它既反映了自然的本质，也反映了人的本质。形式构成是"按照精神力学来实现传达目的的视觉创造，是按照一定的原则将造型要素组合成美好的形态"。一个审美的视觉形式必然符合形式美的法则，因为形式美的法则反映了视觉艺术的普遍原理。

形式中的形式美，是一种抽象的审美体验，这种体验往往抽离了具体的内容，观照的是形式本身呈现的形态、空间、力动等所表现出来的那种表现性的张力。

形式美的普遍原理如下：

1）比例与尺度。作为一种空间关系的度量，比例是部分与部分、部分与整体之间的数比关系；尺度是部分与部分、部分与整体之间的额数量关系。在设计领域比例与尺度中最具影响力的是"黄金比例"。在人物形象设计中设计师也常用到人体标准比例和五官标准比例作为视觉审美的基本标准。

黄金比例

2）对称与均衡。对称与均衡是一种力的关系，也是形态在空间中的一种状态，对称可分为平衡对称和不平衡对称。大众审美中对称和均衡常常被赋予审美的普适性原理，被认为是达到和谐的基础。

3）对比与调和。对比是人眼观察和区别事物的基础，没有对比形态就不可能与背景区分开来，对比是形式构成的基本条件。调和是一种特殊的对比形式，是在对比基础上的一种和谐关系。

4）节奏与律动。节奏与律动是视觉动态的形成形式，是形态和各个元素组合形成的某种秩序感。如图 3-39 所示，同样的线和面，通过不同的组合形式，视觉中呈现出不同的动态感。

图 3-39　艺术基础作业

5）对立与统一。对立与统一是形态美学要素中有对立关系的要素之间的关系，如颜色中的黑与白、冷与暖，它们既是对立又存在于相互的关系中，艺术设计中没有对立就没有变化，也就不可能产生形式，更谈不上形式美。

综上所述，在人物形象设计中，以人的外在形象为设计对象，以人的外在结构及身体发肤为设计的材质基础，应用艺术设计中结构、形态、形式的美化手段和方法，研究人物外在形象美化的方法，以解决人物形象设计过程中功能与审美的平衡。

艺术设计的基本特征

2. 艺术设计的基本特征

艺术设计的基本特征详见二维码内容。

3．艺术与设计的关系

设计和艺术虽然有许多相通之处，但它们又有着根本的区别。设计作为一种文化现象，它的变化反映着时代的物质生产和科学技术水平，也体现一定的社会意识形态的状况，并与社会的政治经济、文化、艺术等方面有密切的关系。艺术涵盖了美术、建筑、戏曲、影视和音乐等的大艺术范围。在古代，"艺术"一词中就有"设计"的含义在其中。无论是在中国，还是在西方国家，对"艺术"一词的界定也是含糊不清的，而对"设计"一词的含义也是模棱两可的，但从艺术的辞源上看，"艺术"与"设计"也都有相似的指令和界定，都是有一个从"术"到"艺"的过程，也就是说它们是同一含义的词语。再从艺术和设计的定义上来说它们也是相同的，艺术是人类创造的一种审美的、创造性的意识形态和生产形态；而设计也是人类创造、审美的一种创造性活动。例如，古代的艺术家为了满足人们的审美需要和精神享受，把自己在生活所看到的、想象到的一些事物，通过自己的主观创造活动制造出来，而这些被创造出来的精神产品就是当时社会生活的反映，是艺术家为了揭露社会而凭借自己的绘画功底、审美观念，加以自己的情感对社会的一种主观臆断。同样，设计师也是为了满足人们的审美需要、物质享受及精神需要，将自己对时代的观察再加以主观想象力和创造力，通过自己的创造活动制造出精神产品，而这些精神产品也是社会时代的反映，是设计师满足当代人们精神享受的需要（图3-40）。

图 3-40　俄罗斯珠宝艺术设计师 Ilgiz Fazulzyanov 的设计作品《蝴蝶》

4．艺术对设计的影响

现代设计的美学原理正是以 20 世纪初艺术运动的思想为基础的，艺术的变革为现代设计的发展开辟了道路。

20 世纪之交兴起的现代艺术与现代设计正好合拍，立体主义、未来主义、表现主义等系列艺术活动都在力图定义工业文明形式下的美学形式与功能。

（1）好的艺术来源于灵感，而好的设计来源于动机，或许两者最大的差别就在于其创作的目的。从原则上来说，艺术创作的流程是从无到有，从一张空白的画布上开始，艺术家将自己的观点或感受表达在作品创作上。他们希望通过与他人分享感受，令观赏者得到共鸣和启示。

（2）好的艺术在于诠释，好的设计在于理解。虽然艺术家的理念是将一个观点或情感予以表露，但并不仅限于此。艺术通过各种方式和人们联系在一起，因为艺术创作的诠释方式与众不同。商业设计，则完全不同。作为商业化的设计原则，是准确地向受众传递信息，并促使受众采取相应行动。如设计师的网站设计传达给用户的信息和其设想的不一致，那么这和设计的最初需求是不相符的。设计师的作品不仅在于视觉享受，更需要让作品中所传达的信息准确地被受众理解和接受。

（3）好的艺术是一种天赋，好的设计是一种技巧。一个艺术家通常都是具有天赋的。当然，从最开始的时候，艺术家都要经历学习绘画，不断创作来发展自己的艺术特长。但是，艺术家最本质的价值在于其与生俱来的天赋。可以这么说，好的艺术家一定具有设计技巧，但拥有好的设计技巧不一定能够成为艺术家。

1920 年，包豪斯学院在德国成立，其宗旨是功能主义，简洁，艺术和手工艺，以及具有简单几何形状的物体和建筑物。如果环顾四周，会发现这些原则在当今世界中仍然具有重要意义。设计品牌 NOOM 将以新系列庆祝包豪斯 100 周年，所有系列均以著名的现代主义艺术家和建筑师的名字命名，并彰显该品牌对几何的运用（图 3-41）。

图 3-41　设计品牌 NOOM 的几何设计作品

5. 设计的艺术手法

设计的艺术手法主要有借用、解构、装饰、参照、创造（图 3-42）。

（1）借用：在设计中用某诗句、某音乐或者某个景、某雕塑或其他艺术作品。借用艺术创作的风格、技巧等，是设计的一种手法。

（2）解构：以古今纯艺术或设计艺术为对象，根据设计的需要，进行符号意义的分解，分解成词语、纹样、标示、单行、乐句，使之进入符号贮备，有待设计重构。

（3）装饰：在解决艺术设计品质的同时，装饰又是最传统、常用的方法。好的装饰可以掩去设计的冷漠，增添制品的情感因素，增强设计的艺术感染力。

（4）参照：设计属于创造，在解决设计的艺术品质问题时，无论是借用、解构、装饰都不能简单的模仿，而要表现出适度的创新，参照不失为一个简单又有效的方法。参照是形式借鉴、规则借用、举一反三。

（5）创造：创造是设计艺术最根本的方法，是借用、解构、装饰、参照等方法的基础。

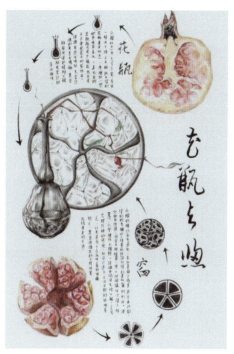 

图 3-42　学生创意思维训练作品

3.2.2.5　素质素养养成

（1）在学习中培养勤于观察思考、分析问题的意识。
（2）在学习中培养艺术审美能力。
（3）在学习中培养艺术设计以人为本的意识。

3.2.2.6　任务实施

3.2.2.6.1　任务分配

表 3-4　学生任务分配表

班级		组号		授课教师	
组长		学号			
组员	姓名		学号	姓名	学号

3.2.2.6.2 自主探学

任务工作单 3-28　自主探学 1

组号：_____　姓名：_____　学号：_____　检索号：_____

引导问题：列举 3 个你喜欢的不同类型的艺术设计作品，对它们进行观察和分析。

设计作品	设计的要素与原则	阐述作品体现的艺术设计特征

任务工作单 3-29　自主探学 2

组号：_____　姓名：_____　学号：_____　检索号：_____

引导问题：根据对艺术与设计关系的理解，在上一个作业中选择 1 个案例作品，并对其进行下列分析。

艺术设计作品案例（图）	艺术设计特征分析	艺术与设计关系的表现分析	设计的艺术手法

3.2.2.6.3 合作研学

任务工作单 3-30
合作研学

3.2.2.6.4 展示赏学

任务工作单 3-31
展示赏学

3.2.2.6.5 方法应用

任务工作单 3-32　方法应用

组号：＿＿＿＿＿　姓名：＿＿＿＿＿　学号：＿＿＿＿＿　检索号：＿＿＿＿＿

引导问题 1：思考人物形象设计与艺术设计的关系，并阐述自己的想法。

引导问题 2：谈谈学习前与学习后，你对人物形象设计理解的变化。

3.2.2.6.6 课后拓学

任务工作单 3-33　课后拓学

组号：＿＿＿＿＿　姓名：＿＿＿＿＿　学号：＿＿＿＿＿　检索号：＿＿＿＿＿

引导问题：基于原有学习基础和对艺术设计的美学内容的学习，列举符合典型技术美学、形态美学、形式美学特征的作品案例各一个，谈谈你对它们的理解。

典型案例	案例分析
技术美学典型案例	
形态美学典型案例	
形式美学典型案例	

3.2.2.7 评价反馈

任务工作单 3-34 自我评价表

组号：_____ 姓名：_____ 学号：_____ 检索号：_____

班级		组名		日期	年 月 日
评价指标	评价内容			分数	分数评定
信息收集能力	能有效利用网络、图书资源查找有用的相关信息等；能将查到的信息有效地传递到学习中			10分	
感知课堂生活	能在学习中获得满足感，对课堂生活具有认同感			10分	
参与态度，沟通能力	积极主动与教师、同学交流，相互尊重、理解，平等相待；与教师、同学之间能够保持多向、丰富、适宜的信息交流			10分	
	能处理好合作学习和独立思考的关系，做到有效学习；能提出有意义的问题或发表个人见解			10分	
知识、能力获得情况	能理解艺术设计的要素			10分	
	能收集列举艺术设计作品，并能对其进行分析			10分	
	能准确说明人物形象设计是否与艺术设计相关			10分	
	能运用 Office 软件，以专业语言文字和图片结合的形式，完成对设计作品进行表述和分析的 PPT 或 Word 文档			10分	
思维态度	能发现问题、提出问题、分析问题、解决问题，有创新意识			10分	
自评反馈	按时按质完成任务；较好地掌握知识点；具有较强的信息分析能力和理解能力；具有较为全面严谨的思维能力并能条理清楚地表达成文			10分	
自评分数					
有益的经验和做法					
总结反馈建议					

任务工作单 3-35 小组内互评验收表

组号：_____ 姓名：_____ 学号：_____ 检索号：_____

验收组长		组名		日期	年　月　日
组内验收成员					
任务要求	艺术设计要素认知； 完成艺术设计作品收集列举，并能对其进行分析； 完成对人物形象设计是否与艺术设计相关的准确说明； 任务完成过程中，至少包含 2 份文献的检索文献的目录清单				
文档验收清单	被验收者完成的任务工作单 3-28				
	被验收者完成的任务工作单 3-29				
	被验收者完成的任务工作单 3-30				
	被验收者完成的任务工作单 3-31				
	被验收者完成的任务工作单 3-32				
	文献检索清单				

验收评分	评分标准	分数	得分
	能理解艺术设计要素，缺一处扣 2 分	25 分	
	能完成艺术设计作品的搜集列举，并能对其进行分析，缺一处扣 2 分	25 分	
	能完成对人物形象设计是否与艺术设计相关的准确说明，缺一处扣 2 分	25 分	
	文献检索目录清单，少一份扣 10 分	25 分	
评价分数			
总体效果定性评价			

任务工作单 3-36 小组间互评表

（听取各小组长汇报，同学打分）

被评组号：_____ 检索号：_____

班级		评价小组		日期	年 月 日
评价指标	评价内容			分数	分数评定
汇报表述	表述准确			15 分	
	语言流畅			10 分	
	准确反映该组完成任务情况			15 分	
内容 正确度	所表述的内容正确			30 分	
	阐述表达到位			30 分	
互评分数					
简要评述					

任务工作单 3-37
任务完成情况评价表

模块 4
人物形象设计认知

项目 4.1　　了解人物形象设计

通过学习本项目的内容，完成相应的任务。人物形象设计从广义上说综合了轮廓、造型、制定、色彩及风格等因素的表现效果。它是实用性与审美性的完美结合，能够帮助我们更好地应用艺术设计的维度对人物形象设计进行分析。

任务 4.1.1　　人物形象设计基础

4.1.1.1　任务描述

选择一个自己喜欢的人物形象作品，运用艺术设计分析的方法和思路完成对这个作品的分析。

人物形象设计专业
学生作品

4.1.1.2　学习目标

1．知识目标：掌握人物形象设计的概念；掌握人物形象设计分析的专业术语。

2．能力目标：能根据人物外在特征准确分析人物形象设计的要求；能从艺术设计的维度对人物形象设计进行分析。

3．素养目标：培养观察分析能力，突出以人为本的理念；培养信息收集及有效信息提取能力；培养严谨的逻辑思维能力、语言表达能力；培养有效沟通和交流能力。

4.1.1.3　重点难点

1．重点：从艺术设计的维度分析人物形象设计。

2．难点：人物形象设计分析的准确性；艺术设计的审美维度。

4.1.1.4　相关知识链接

1．人物形象设计的概念

人物形象是指人的精神面貌、性格特征等内在特征的外在具体表现，能够引起他人的思想或感情活动。每个人都通过自己的形象让他人认识自己，而周围的人也会通过外在形象做出认可或不认可的判断，人物形象设计并不仅仅局限于适合个人特点的发型、妆容和服饰搭配，还包括内在性格的外在表现，如气质、举止、谈吐、生活习惯等。

人物形象设计是通过一种或多种方式改善或提升一个人不完美的形象，而使人变得完善的过程，从而呈现出符合主体良好的个人形象。

人物形象设计所遵循的原则：对一个人进行形象设计时，首先依照他自身身形条件、社会地位、文化背景、个人喜好等综合条件，还需要考虑他所处的外部环境，同时遵循现代人的审美观，将流行时尚很好地运用于形象设计中。

2．人物形象设计的基本要素

构成人物形象设计的要素很多，如人、材料、环境等。所谓基本要素是指进行人物形象设计活动的基本的、必要的因素。

（1）设计师。设计师是构成人物形象设计行业的首要基础之一。人物形象设计业是一门专业化、科学化、综合性的新兴行业。人物形象设计师经过系统的专业学习，具备相关理论和实践经验。

在人物形象设计领域中，设计师职业范围广泛，包括职业形象设计师、职业色彩顾问、时尚媒体策划及编辑、高级服装顾问等。对口的工作单位或岗位有形象工作室、化妆品公司、大型百货商场服装主管、摄影工作室、影视娱乐公司、服装公司等。

（2）设计对象。人物形象设计的对象是人，人是这一设计活动存在的首要前提。人天然具有的自然和社会双重属性决定了人们会选择特定的视觉形态出现在他人面前。随着时代发展，人们的物质资料和精神需求日益丰富，尤其是现代社会，打破了传统社会等级制度对人物形象的固有约束，社会朝多元化方向发展，人们的需求更加多样化、个性化，这使人物形象设计活动更加复杂，既要注意到作为自然人的人的体型等客观要素，又要注意到作为社会人的人的社会需求等主观要素。

（3）设计方法。设计转化为具体设计形式的结果呈现，分为以下三个层次：

1）设计范畴，包括构成人物整体外部形象的各个要素，即发型、化妆、服装、饰品，以及人物外形条件等。它们各自的造型形态共同组成人物形象设计的造型要素。

2）设计要素，包括一般所指的形、色、材质表现等。

3）构成法则，即形式美法则（设计原理），包括节奏、韵律、对比、均衡、发散等。它将具体的形式元素组合在一起，最终呈现出设计师的设计思维和目的。

3．人物形象设计的研究范围

人的外在形象修饰从根本上说是根据社会属性而来的。作为生活在社会群体当中的个体，以什么样的形象出现，决定因素并非是发型、化妆、服装、饰品等本身的物质形式形态，而是个体本身对自我社会角色和社会形象的预设，及其所处的社会环境的他者人群对该个体的要求、期望，因而具有较强的功利性，侧重其形象传达的内容和意义。这构成人物形象设计的内涵和核心，也是学习的难点。它对设计者提出了社会历史文化、地域、心理等诸多人文素养要求。因此，对人物形象设计的研究所涉及范围包括以下内容：

自然科学：对自然人的相关研究（生命科学、生物学）、对相关产品和设备应用原理的研究（化学、物理学）；人文科学：视觉艺术、美学、文学；社会科学：心理学、管理学、经济学；职业与应用科学：管理学、法律。

4. 人物形象设计的特征

（1）功能性。作为以实用为目的的设计门类之一，人物形象设计具有功能性的基本特征。无论是用于日常生活，还是用于舞台、影视或时尚潮流展示，形象设计必须适用特定的场合、对象，满足一定的目的，在此基础上各自体现出不同指向的功能性特征。

（2）精神性。人物形象设计不只是物质和视觉元素的简单堆砌，还可以在视觉形式上体现内在的精神性。这种精神性与社会时代背景紧密结合，从而体现特定的时代社会风貌，因此，可以用当时、当地的社会政治经济及其思想观念加以衡量、判断。

（3）象征性。象征性是指人在日常生活和艺术创造中，借用一些具体可感的形象或符号，传达表现一种概括的思想情感、意境或抽象的概念、哲理时产生的一种审美属性。其基本特征是象征的形象与被象征的内容之间往往并无必然的联系，但由于人的想象力的积极作用，两者之间产生了一种可为人理解的表现关系，使一定的内容可以不用于它原有的、相适应的形式，而借用那些在外观形式上与这些内容只有偶然联系的事物来表现。这种表现反过来又能使观赏者产生积极的想象活动。对于人物形象设计而言，象征性的视觉形象具体体现为基于设计对象进行的抽象、夸张、变形等设计手法，使主题更加明确，形象更加集中，特征更加明显，意义传达更加清晰。

（4）市场性。设计与市场具有密切的关系：一方面，市场制约设计。广大的市场中存在着众多的质量、形式、功能相似的设计产品，这是一种明确而又丰富的竞争体系，所有的设计产品都将面临广大的需求者和消费者的检验，只有充分考虑到诸多因素，未雨绸缪，才能赢得竞争，赢得属于自己的消费者。另一方面，设计在受市场制约的同时也创造着市场。良好的设计往往会引领市场消费的潮流，甚至成为一种时尚，在社会上形成一种消费趋势。因此，根据不同的市场需求内容，设计也呈现出不同的存在状态和发展目标，以满足市场上已经出现的消费需求。人物形象设计作为具备市场化特征的劳动，必须在符合社会分工和满足市场需求变换的条件下才能体现自身的市场价值。

综上所述，成为一名真正的人物形象设计师除需要专业的技术外，更重要的是必须具备设计师的设计思维能力、艺术家的审美能力和创新能力。

4.1.1.5 素质素养养成

（1）在对人物形象设计的观察中，要培养设计师的观察能力、以人为本的理念，学会尊重他人。

（2）在从艺术设计的维度分析人物形象设计的表述中，要遵守实事求是的原则，养成用设计师的思维方式、逻辑和专业语言进行描述的习惯。

（3）在分享案例过程中，养成专业而有效的沟通交流能力。在分享完成后，要认真思考、归纳、总结，养成良好的学习习惯。

4.1.1.6 任务实施

4.1.1.6.1 任务分配

表 4-1 学生任务分配表

班长		组号		指导教师	
组长		学号			
组员	姓名	学号		姓名	学号
任务分工					

4.1.1.6.2 自主探学

任务工作单 4-1   自主探学

组号：_____ 姓名：_____ 学号：_____ 检索号：_____

引导问题 1： 选择一个自己喜欢的人物形象，把照片粘贴在表中，并用规范和专业的语言进行人物特征表述。

照片	人物特征描述（可根据需要自主添加）	
	面部特征	
	头部特征	
	身体体征	
	个性 / 气质特征	

引导问题 2： 从艺术设计的维度分析这个形象设计：

4.1.1.6.3　合作研学

任务工作单 4-2　合作研学

组号：_____　　姓名：_____　　学号：_____　　检索号：_____

引导问题 1： 组内分享自己的案例，组长安排互评，用简洁扼要的语言记录你的点评重点。

引导问题 2： 小组讨论总结出你们对人物形象设计的理解。

4.1.1.6.4　展示赏学

任务工作单 4-3
展示赏学

4.1.1.6.5　方法应用

任务工作单 4-4　方法应用

组号：_____　姓名：_____　学号：_____　检索号：_____

引导问题： 说一说自己对人物形象设计的理解（可图文并茂）。

4.1.1.7　评价反馈

任务工作单 4-5　自我评价表

组号：_____　姓名：_____　学号：_____　检索号：_____

班级	组名			日期	年　月　日
评价指标	评价内容			分数	分数评定
信息检索	能有效利用网络、图书资源查找有用的相关信息等；能将查到的信息有效地传递到学习中			10分	
感知课堂生活	理解行业特点，认同工作价值；在学习中能获得满足感			10分	
参与态度	积极主动与教师、同学交流，相互尊重、理解，平等相待；与教师、同学之间能够保持多向、丰富、适宜的信息交流			10分	
	能运用规范的语言，做到有效学习；能提出有意义的问题或发表个人见解			10分	
知识获得	能从艺术设计的维度分析人物形象设计			10分	
	能分享自己的案例，对人物形象设计进行理解并记录			10分	
	能完成小组间展示赏学			10分	
	能应用专业语言文字和图片结合的形式对人物形象设计进行准确表述			10分	
思维态度	能发现问题、提出问题、分析问题、解决问题，有创新意识			10分	
自评反馈	按时按质完成任务；较好地掌握知识点；具有较强的信息分析能力和理解能力；具有较为全面严谨的思维能力并能条理清楚地表达成文			10分	
自评分数					
有益的经验和做法					
总结反馈建议					

任务工作单 4-6 小组内互评验收表

组号：_____ 姓名：_____ 学号：_____ 检索号：_____

验收组长		组名		日期	年 月 日
组内验收成员					
任务要求	能从艺术设计的维度分析人物形象设计；能分享自己的案例，对人物形象设计进行理解并记录；能完成小组间展示赏学；能应用专业语言文字和图片结合的形式对人物形象设计进行准确表述				
验收文档清单	被验收者任务工作单 4-1				
	被验收者任务工作单 4-2				
	被验收者任务工作单 4-3				
	被验收者任务工作单 4-4				
	文献检索清单				

验收评分	评分标准	分数	得分
	能从艺术设计的维度分析人物形象设计，错一处扣 5 分	20 分	
	能分享自己的案例，对人物形象设计进行理解并记录，错一处扣 5 分	20 分	
	对人物形象设计进行理解并记录，能完成小组间展示赏学，错一处扣 5 分	20 分	
	能应用专业语言文字和图片结合的形式对人物形象设计进行准确表述，错一处扣 5 分	20 分	
	提供文献检索清单，少于 5 项，缺一项扣 4 分	20 分	
评价分数			
不足之处			

任务工作单 4-7 小组间互评表

（听取各小组长汇报，同学打分）

被评组号：_____ 检索号：_____

班级		评价小组		日期	年 月 日
评价指标	评价内容			分数	分数评定
汇报表述	表述准确			15 分	
	语言流畅			10 分	
	准确反映该组完成任务情况			15 分	
内容正确度	内容正确			30 分	
	句型表达到位			30 分	
互评分数					
简要评述					

任务工作单 4-8
任务完成情况评价表

项目 4.2 人物形象设计技术认知

通过学习本项目的内容，完成相应的任务。人物形象设计技术极需注重规范性和科学性，对人物形象设计中广泛使用的美发、化妆与服饰搭配技术及规范有基本的了解，能够帮助我们更好地应用这些技术。

任务 4.2.1 美发技术认知

4.2.1.1 任务描述

以"岗位能力需求、专业人才培养、世界技能大赛美发技术"为标准，学习美发服务技术操作规范。

4.2.1.2 学习目标

1. 知识目标：掌握发型设计要素；掌握人物形象设计师美发服务技术操作规范。
2. 能力目标：能应用设计师的观察和思考方法对美发技术作品进行设计要素分析；能够具备美发技术规范操作意识。
3. 素养目标：培养观察分析能力，突出以人为本的理念；树立安全、环保可持续发展的理念；坚持以人为本，具备规则意识；结合实践环节，融入劳动教育理念、树立家国情怀；培养有效沟通和良好的服务意识。

4.2.1.3 重点难点

1. 重点：岗位能力标准、专业标准、世界技能大赛美发技术职业标准中对人物形象设计师职业行为规范。
2. 难点：启发学生用"岗位能力标准、专业标准、世界技能大赛美发技术职业标准"对人物形象设计师职业行为进行规范指导，树立以人为本意识。

4.2.1.4 相关知识链接

1. 发型的概念

发型设计是一种艺术形式，与雕塑、绘画、建筑、时装设计一样。这些领域的设计师和艺术家有一些共同之处。创意作品是在特定的媒介上创作出来的，发型设计的媒介是头发。

影响发型设计的主要因素有头型、脸型、五官、身材、年龄，还有职业、肤色、着装、个性偏好、季节、发质、适用性和时代性。设计成功的发型，必将设计对象的头部、脸部优点显露出来，缺点进行遮盖；设计优秀的发型，可使人增强自信，耳目一新，既有实用价值，又有审美情趣。

2. 发型的设计要素

发型设计要素主要包括形式、纹理、色彩。世界上每一个物体无论是自然还是人造的，都由这三个设计要素组成。在一个组合中，设计元素相互作用和影响，设计师需要观察和分析设计元素单独或组合在一起的变化，以帮助理解和创造完整的设计。

（1）形。形是设计元素，是每个设计组合的基础，一旦确定了形状，就会添加纹理和颜色来增强形状。在发型设计中，当描述设计的外部边界或轮廓时，形和形状这两个术语经常交替使用。形是形状的三维表现，它由长度、宽度或深度组成。

（2）纹理。纹理是表面的视觉外观或感受，它是在设计中创造兴趣的设计元素。表面纹理分为光滑和粗糙两大类。大自然提供了无数的纹理，从柔软、光滑的表面到粗糙、尖锐的图案等。观察和感受周围的纹理，会增强观察能力和触觉。

在头发设计中，纹理可以呈现出直线、之字形和曲线等线条的个性特征（图4-1）。

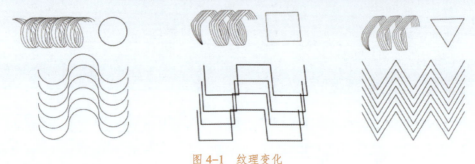

图4-1 纹理变化

（3）颜色。颜色是视觉感知光的反射，色彩的设计可以增加形式的深度、尺度和质感。所有的颜色都是由红、黄、蓝三原色组成。

自然界的颜色和颜色图案是无限的，可以为头发设计提供灵感。颜色也可以表达情感，可以用它来设计个性化的发型。像红色、橙色、金色这样的暖色会给发型设计带来激情、活力或令人兴奋的色彩。蓝色、紫色、绿色等冷色可以传达出一种强烈、前卫或自信的品质。

3. 发型的分类

依据发型设计的重点及技术要求的不同，发型可以分成以下几类：

（1）经典修剪类。以修剪的基本技术应用为主，修剪发型的轮廓和层次为主要表现形式的发型（图4-2）。

图4-2 经典修剪学生作品

（2）色彩设计类。以染发的基本技术及色彩设计基本原则的应用为主的发型（图4-3）。

图4-3　色彩设计　学生作品

（3）前卫时尚类。以表现发型设计创意及时尚流行趋势为主的发型（图4-4）。

图4-4　前卫时尚　学生作品

（4）技术类。以体现发型设计创意及发型剪吹制作综合技术为主的发型（图4-5）。

图4-5　技术剪吹　学生作品

（5）长发设计类。以体现发型设计创意及盘发制作综合技术为主的发型（图4-6）。

图4-6　长发设计　学生作品

（6）纹理造型类。以体现发型设计创意及发型烫发造型制作综合技术为主的发型（图4-7）

图 4-7　纹理造型　学生作品

（7）创意设计类。以体现发型设计创意及发型综合技术为主的发型（图4-8）。

图 4-8　创意设计　学生作品

4．美发技术操作标准

（1）美发技术实际操作规范。应用适当的技术和专业技巧独立完成以下任务：

1）计划创造；

2）组织、时间管理；

3）头发分析；

4）有效的工作方式、清洁消毒、职业健康与安全；

5）规范安全操作头发的修剪；

6）规范使用染色产品；

7）规范操作发型造型技术。

（2）技术操作安全要求。

1）在化学操作过程中戴防护手套，以防直接暴露皮肤；

2）当意外伤害发生时，及时规范处理；

3）规范使用和存放工具箱；

4）规范使用推车并放置所有工具；

5）擦净所有撒出或溅出的染膏等杂物；

6）废弃物丢进垃圾分类箱中；

7）规范回收用过的毛巾；

8）工作区域始终保持干净、整洁、有序、专业；

9）服务场所禁止吸烟；

10）工作区域的规范、安全和整洁。

4.2.1.5　素质素养养成

（1）在美发服务过程中，养成严格按照操作规范进行操作的习惯，要树立以人为本意识。

（2）在美发服务过程中，树立安全、环保可持续发展的理念；在服务完成后，认真清理工作台，打扫场地，规范摆放工具及设备，对工具及设备进行消毒与安全检查，养成热爱劳动的意识。

4.2.1.6　任务实施

4.2.1.6.1　任务分配

表 4-2　学生任务分配表

班长		组号		指导教师	
组长		学号			
组员	姓名	学号		姓名	学号
任务分工					

4.2.1.6.2 自主探学

任务工作单 4-9   自主探学 1

组号：_____ 姓名：_____ 学号：_____ 检索号：_____

引导问题：认真观察作品（图 4-9），应用设计师的观察和思考方法分析该作品发型设计要素的表现，并用规范和专业的语言进行表述并填表。

图 4-9   学生毕业设计作品

发型设计要素	语言表述
	在作品中，设计元素相互作用和影响
形式	
纹理	
颜色	

组号：_____　　姓名：_____　　学号：_____　　检索号：_____

引导问题：参考《美发技术操作标准》，列出作为消费者的你看到的不规范的行为及可能造成的隐患。

序号	不规范行为	隐患

4.2.1.6.3　合作研学

任务工作单4-11
合作研学

4.2.1.6.4　方法应用

任务工作单4-12　方法应用

组号：_____　　姓名：_____　　学号：_____　　检索号：_____

引导问题：根据本节课的体验和感受，思考如何将以人为本的操作规范融汇于美发服务中，真正达到知行合一。用规范和专业的语言进行表述。

4.2.1.7 评价反馈
任务工作单 4–13　自我评价表

组号：_____　姓名：_____　学号：_____　检索号：_____

班级		组名		日期	年　月　日
评价指标	评价内容			分数	分数评定
信息检索	能有效利用网络、图书资源查找有用的相关信息等；能将查到的信息有效地传递到学习中			10分	
感知课堂生活	理解行业特点，认同工作价值；在学习中能获得满足感			10分	
参与态度	积极主动与教师、同学交流，相互尊重、理解，平等相待；与教师、同学之间能够保持多向、丰富、适宜的信息交流			10分	
	能运用规范的语言，做到有效学习；能提出有意义的问题或发表个人见解			10分	
知识获得	能应用设计师的观察和思考方法对作品进行设计要素分析			10分	
	能认真观看视频，列出不规范的行为及可能造成的隐患			10分	
	能完成美发服务操作规范			10分	
	能分析美发服务操作规范的原因，并能做到安全、有序、规范的执行			10分	
思维态度	能发现问题、提出问题、分析问题、解决问题，有创新意识			10分	
自评反馈	按时按质完成任务；较好地掌握知识点；具有较强的信息分析能力和理解能力；具有较为全面严谨的思维能力并能条理清楚地表达成文			10分	
自评分数					
有益的经验和做法					
总结反馈建议					

任务工作单 4-14 小组内互评验收表

组号：_____ 姓名：_____ 学号：_____ 检索号：_____

验收组长			组名		日期	年　月　日
组内验收成员						
任务要求	能认真观察作品，分析该作品发型设计要素的表现；能认真观看视频，能列出不规范的行为及可能造成的隐患；能完成美发服务操作规范；能分析美发服务操作规范的原因，并能做到安全、有序、规范的执行					
验收文档清单	被验收者任务工作单 4-9					
	被验收者任务工作单 4-10					
	被验收者任务工作单 4-11					
	被验收者任务工作单 4-12					
	文献检索清单					
验收评分	评分标准				分数	得分
	能准确应用设计师的观察和思考方法对作品进行设计要素分析，错一处扣 5 分				20 分	
	能列出不规范的行为及可能造成的隐患，错一处扣 5 分				20 分	
	能用"岗位能力标准、专业标准、世界技能大赛美发职业标准"中对人物形象设计师职业行为规范，完成美发服务操作规范，错一处扣 5 分				20 分	
	能分析美发服务操作规范的原因，并能做到安全、有序、规范的执行，错一处扣 5 分				20 分	
	提供文献检索清单，少于 5 项，缺一项扣 4 分				20 分	
	评价分数					
不足之处						

任务工作单 4–15 小组间互评表

（听取各小组长汇报，同学打分）

被评组号：_____ 检索号：_____

班级		评价小组		日期	年 月 日
评价指标	评价内容			分数	分数评定
汇报表述	表述准确			15 分	
	语言流畅			10 分	
	准确反映该组完成任务情况			15 分	
内容正确度	内容正确			30 分	
	句型表达到位			30 分	
互评分数					
简要评述					

任务工作单 4–16
任务完成情况评价表

任务 4.2.2 化妆技术认知

4.2.2.1 任务描述

以国际化妆师技术规范为标准，完成标准化妆服务操作（4-10）。

图 4-10 国际化妆师考场

国际化妆师考场

4.2.2.2 学习目标

1. 知识目标：掌握人物形象设计师职业形象规范；掌握人物形象设计师化妆技术操作规范。

2. 能力目标：能够根据人物形象设计师职业形象规范完成设计师的个人形象打造；能规范使用化妆技术完成操作。

3. 素养目标：树立正确的人物形象设计师职业形象标准的观念；培养安全、环保可持续发展的理念；坚持以人为本，具备规则意识；结合实践环节，融入劳动教育理念，树立家国情怀；培养有效沟通和良好服务的意识。

4.2.2.3 重点难点

1. 重点：岗位能力标准、专业标准、国际化妆师职业标准中对人物形象设计师职业行为规范。

2. 难点：启发学生用"岗位能力标准、专业标准、国际化妆师技术标准"对人物形象设计师职业行为进行规范指导，树立以人为本的服务意识。

4.2.2.4 相关知识链接

化妆可以改善人的面部外观。化妆设计的潮流跟流行时尚紧密相连，紧随季节的变化和潮流的改变而快速变化。在为顾客进行化妆设计时，必须考虑顾客情况，还要结合现今流行时尚和顾客需要。

1. 化妆的概念

化妆的一种解释是"用脂粉等打扮容貌"，另一种解释是"为了适应演出的需要，用油彩、制粉、毛发等把演员特定的角色或给演员作容貌的修饰"，而更为具体的解释是"化妆是戏剧、电影等表演艺术的造型手段之一。根据角色的身份、年龄、性格、民族和职业特点等，利用化妆材料塑造角色外部的形象"。

所以，从狭义上理解，化妆仅仅指面部的修饰。从广义上来看，化妆造型综合了轮廓、造型、制定、色彩及风格等因素的表现效果。它是实用性与审美性的完美结合，又赋予个性的展示。化妆包括服装设计、发型设计、化妆设计、饰物设计等，以及运用不同设计的表现技法及工艺手段，将诸多因素统一在总体设计之中的综合性设计。

2. 化妆的分类

（1）根据化妆造型的目的来分，化妆可以分为生活化妆和艺术舞台创意化妆。

1）生活化妆。人们在日常生活中对外形容貌的打扮和装饰即为生活化妆，其主要借用化妆品和化妆技法，遮盖或者改变本身形象的不足之处，使之更符合生活审美的需求。生活化妆作为一种生活的艺术，以美化为主要目的。

生活化妆的特征：和谐感；生活化；审美性（图4-11）。

图4-11　生活化妆　学生作品

2）艺术舞台创意化妆。表演化妆是根据艺术、舞台美术、表演等需要，使其更符合表演中的人物要求，创造角色之美。演员在艺术表演中的外部形象塑造，目的未必一定是为了让演员更加俊美，而是根据剧情的需要，使之更符合所扮演的角色，符合表演艺术的审美需求。

艺术舞台创意化妆特征：艺术性、技术性、演艺性（图4-12）。

图4-12　表演化妆　学生作品

图 4-12　表演化妆　学生作品（续）

（2）根据国际化妆造型技术及认证领域的考核项目来分，化妆可分为彩妆、场合化妆、高精度化妆、矫正化妆、影视化妆、时尚编辑化妆、黑白化妆、T 台化妆、创意梦幻化妆及喷枪化妆。

1）彩妆。在生活淡妆的基础上添加少许的色彩感，整个妆面自然、精致，即自然环境中的化妆。这样的生活化妆，主要目的是为了美化，能够一定程度地遮盖、改善与弥补生理上的缺憾。在大多数情况下，这样的化妆不宜有过于明显的化妆痕迹，在保持人的自然状态和本色形象的同时，将流行元素与化妆技法结合起来，使形象具有社会审美的时代感（图 4-13）。

图 4-13　彩妆　学生作品

2）场合化妆。场合化妆，即特定环境中的化妆。所谓特定环境，包括的范围很广。如婚礼、舞会、宴会、庆典等，这些特定的环境因为有特定的主题，所以，就需要根据主题所确定的环境来制定化妆的形式。比如婚礼上的新人化妆，虽然属于场合化妆，由于具有特定的主题，婚礼化妆实际上也就是塑造"角色"，只不过，这样的"角色塑造"不需要改变原本的形象，而只是美化形象。比如，新娘在化妆色彩上的适度夸张及发型的梳理与装饰等。虽然美化的形式和程度超过了生活化妆的限度，但也是合理的。

同样，舞会化妆、宴会化妆等虽然也属于生活中的不同场合内容，但是在这样的主题中，人际关系已经打破了生活的一般审美规则。因此，化妆就可以突破生活的常规，甚至用夸张的舞台化妆来完成这样的特定环境下的化妆。尤其是在一些狂欢活动中，化妆的形式完全是艺术化的。但是，在场合化妆的这些特殊造型中，除化妆舞会等一些活动外，在大多数情况下，化妆者还是希望保留自己的本来面目（图4-14）。

图4-14　场合化妆　学生作品

3）高精度化妆。高精度化妆，在时尚妆容的基础上重点强调妆面的精致度以及皮肤的质感。要求化妆师对妆面有敏锐的观察力、深厚的化妆功底，与摄影灯光也是密不可分的，一般用于广告拍摄（图4-15）。

图4-15　高精度化妆　学生作品

4）矫正化妆。矫正化妆是通过化妆技术来修正不理想容貌的化妆手法。利用人们的"视错觉"来达到弥补、修正、美化容貌的目的（图4-16）。

图4-16　矫正化妆　学生作品

5）影视化妆。影视化妆是为剧情、人物服务的，是为了帮助演员完成人物的塑造。

以剧本中的人物为依据，结合剧中的典型环境和历史情况，运用化妆手段来帮助演员表现人物的典型外部特征（图4-17）。

图4-17　影视化妆　学生作品

6）时尚编辑化妆。时尚编辑化妆并不是单一的，随着主题内容、形式与风格的多样性发展会形成不同的化妆造型样式（图4-18）。一般用于时尚杂志拍摄。

图4-18　时尚编辑化妆　学生作品

7）黑白化妆。黑白化妆注重强调面部骨骼结构的立体感和五官轮廓的清晰度，妆面主要利用黑白两个无彩色系的颜色，进行晕染表现妆面的层次感（图4-19）。

图4-19　黑白化妆　学生作品

8）T台化妆。T台化妆一般是为展示服装设计理念而存在，更多的是注重造型与服饰的整体感和大效果。妆容整体配合T台展示的主题，强调整体感（图4-20）。

图 4-20　Ｔ台化妆　学生作品

9）创意梦幻化妆。创意梦幻妆是运用艺术绘画技巧，在人的面部进行图形图案的构图和绘制，将有一定寓意的图案，描画在脸、脖、臂上，展现于某种特殊场合的化妆艺术（图 4-21）。

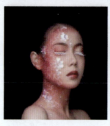

图 4-21　创意梦幻化妆　学生作品

10）喷枪化妆。喷枪化妆是一种利用喷枪和特殊颜料上妆的一种化妆（图 4-22）。

图 4-22　喷枪化妆　学生作品

3. 化妆品及工具的安全性

化妆品是指以涂擦、喷洒或其他类似的方法，散布于人体表面任何部位，已达到清洁、清除不良气味、护肤、美容和修饰目的的日用化学工业产品。作为专业的形象设计师，必须在了解化妆品的性质、作用和使用安全性的前提下，正确地选择和使用化妆品，而这些知识和信息在我国有严格的法律、法规进行规范，我们也有相应"化妆品基础与应用"课程进行专业的学习。

4. 人物形象设计师的职业形象

人物形象设计师是一种服务性职业，因此个人形象极其重要。个人修饰包括头发、皮肤、手脚及服装等。详见二维码内容。

人物形象设计师的职业形象

4.2.2.5　素质素养养成

（1）在化妆服务过程中，要养成严格按照操作规范进行操作的意识，要养成"以人为本"为人们服务的意识。

（2）在化妆服务过程中，要有安全与环保可持续发展的理念；在服务完成后，要认真清理工作台，打扫场地，规范摆放工具及设备，对工具及设备要进行消毒与安全检查，要养成热爱劳动的意识。

4.2.2.6　任务实施

4.2.2.6.1　任务分配

表 4-3　学生任务分配表

班级		组号		授课教师	
组长		学号			
组员	姓名	学号	姓名	学号	
任务分工					

4.2.2.6.2　课前任务

任务工作单 4–17　课前任务

组号：_____　姓名：_____　学号：_____　检索号：_____

引导问题：根据班级学情不同，具备专业基础的对口中职学生完成问题（1），其他学生完成问题（2），同时准备分享展示课前任务。

（1）在生活实际操作中，你认为自己有哪些化妆服务操作不规范，这些不规范操作会造成哪些危害呢？

（2）通过信息收集或调研，简述作为一名人物形象设计师应该具备哪些良好的职业素养？

4.2.2.6.3　自主探学

任务工作单 4–18　自主探学 1

组号：_____　姓名：_____　学号：_____　检索号：_____

引导问题 1：按照"岗位能力标准、专业标准、国际化妆师职业标准"中对人物形象设计师职业行为规范的要求，完成设计师的职业形象标准。

序号	名称	标准要求
1	发型	
2	妆面	
3	着装	
4	手部	
5	语言	

引导问题 2：说一说职业形象标准与对人物形象设计师的重要性。

任务工作单 4-19　自主探学 2

组号：_____　姓名：_____　学号：_____　检索号：_____

引导问题 1： 如图 4-23 所示，你认为哪个化妆工作台工具及产品摆放比较规范，并说一说理由。

图 4-23　化妆工作台

引导问题 2： 以 CIDESCO 国际化妆师行为要求为标准，完成化妆工作台工具及产品标准摆放操作，并简述化妆工作台工具及产品摆放步骤。

4.2.2.6.4 合作研学

任务工作单 4-20
合作研学

4.2.2.7 评价反馈

任务工作单 4-21 自我评价表

组号：_____ 姓名：_____ 学号：_____ 检索号：_____

班级		组名		日期	年 月 日
评价指标	评价内容			分数	分数评定
信息检索	能有效利用网络、图书资源查找有用的相关信息等；能将查到的信息有效地传递到学习中			10分	
感知课堂生活	理解行业特点，认同工作价值；在学习中能获得满足感			10分	
参与态度	积极主动与教师、同学交流，相互尊重、理解，平等相待；与教师、同学之间能够保持多向、丰富、适宜的信息交流			10分	
	能运用规范的语言，做到有效学习；能提出有意义的问题或发表个人见解			10分	
知识获得	能够表述作为一名人物形象设计师应该具备的职业素养			10分	
	能够完成设计师的职业形象标准			10分	
	能够完成化妆工作台工具及产品标准摆放操作			10分	
	能够完成化妆服务操作规范			10分	
思维态度	能发现问题、提出问题、分析问题、解决问题，有创新意识			10分	
自评反馈	按时按质完成任务；较好地掌握知识点；具有较强的信息分析能力和理解能力；具有较为全面严谨的思维能力并能条理清楚地表达成文			10分	
自评分数					
有益的经验和做法					
总结反馈建议					

任务工作单4-22　小组内互评验收表

组号: _____　姓名: _____　学号: _____　检索号: _____

验收组长		组名		日期	年　月　日
组内验收成员					
任务要求	能够表述作为一名人物形象设计师应该具备的职业素养；能够完成设计师的职业形象标准；能够完成化妆工作台工具及产品标准摆放操作；能够完成化妆服务操作规范				
验收文档清单	被验收者任务工作单4-17				
	被验收者任务工作单4-18				
	被验收者任务工作单4-19				
	被验收者任务工作单4-20				
	文献检索清单				
验收评分	评分标准			分数	得分
	能正确分析作为一名人物形象设计师应该具备的职业素养，错一处扣5分			20分	
	能按照"岗位能力标准、专业标准、CIDESCO 国际化妆师职业标准"中对人物形象设计师职业行为规范的要求，完成设计师的职业形象标准，错一处扣5分			20分	
	能以 CIDESCO 国际化妆师行为要求为标准，完成化妆工作台工具及产品标准摆放操作，错一处扣5分			20分	
	在"岗位能力标准、专业标准、CIDESCO 国际化妆师职业标准"中对人物形象设计师职业行为规范指导下，完成化妆服务操作规范，错一处扣5分			20分	
	提供文献检索清单，少于5项，缺一项扣4分			20分	
评价分数					
不足之处					

任务工作单4-23 小组间互评表

（听取各小组长汇报，同学打分）

被评组号：_____ 检索号：_____

班级		评价小组		日期	年 月 日
评价指标	评价内容			分数	分数评定
汇报表述	表述准确			15分	
	语言流畅			10分	
	准确反映该组完成任务情况			15分	
内容正确度	内容正确			30分	
	句型表达到位			30分	
互评分数					
简要评述					

任务工作单 4-24
任务完成情况评价表

任务 4.2.3　服装与服饰搭配技术认知

4.2.3.1　任务描述

根据大多数艺术家使用的人体标准比例（图 4-24），完成一个被设计对象的头身比例测量及体型建议方案。

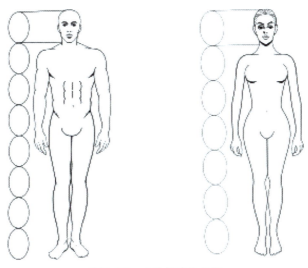

图 4-24　人体标准比例图

4.2.3.2　学习目标

1．知识目标：掌握人体的标准比例关系，能正确测量人体的标准比例；掌握各种体型服饰搭配的相关知识。

2．能力目标：能准确判断各种体型；能应用设计师的观察和思考方法对被设计对象进行服饰搭配。

3．素养目标：培养正确的审美能力；培养以人为本、实事求是的意识；培养严谨的逻辑思维能力、精准的判断力；培养敏锐的观察力；培养有效沟通和良好服务意识。

4.2.3.3　重点难点

1．重点：各种体型的特征及判断方法。

2．难点：设计师观察和思考方法的应用。

4.2.3.4　相关知识链接

1．人体的基本形态

（1）头身比例。与普通人想象和认识中的头不一样，科学上讲的头是指头颅，不包括下颌在内的结构，它的形态虽然仍然是椭圆形，却是横卧在颈上，而不是一般图片所见竖立在肩上。头长指的是眉间到枕骨凸起（即后脑勺）的直线距离。画家所使用的"头长"指的是头全高。

头身比 = 身高 / 头全高。亚洲男性平均为 7.18 头身，亚洲女性平均为 6.95 头身；欧美男性平均为 7.57 头身，欧美女性平均为 7.49 头身。

所谓的九头身，古希腊雕像中大量表现出的 8 头身比例，是公认的身体最美的比例。实际上，除欧洲部分地区外，在生活中很难找到 8 头身的人，一般人为 7.5 头身，而亚洲许多地区的人则只有 7 头身。平常我们所说的"九头身"，其实是"九脸身"（即身高 / 容貌面高）（图 4-25）。

图 4-25　九头身比例

（2）各种体型（图 4-26）。

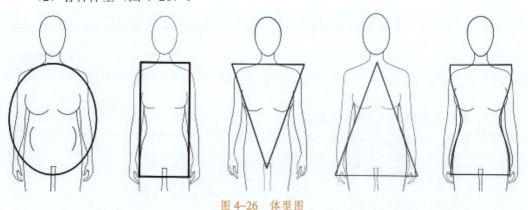

图 4-26　体型图

1）O 型。O 型也就是人们常说的苹果型，最为突出的体型特点为圆润的肚子，腰部的宽度大于肩部与臀部的宽度。部分 O 型体型也溜肩，整个人看起来比较浑圆。

2）H 型。H 型身材包括直筒型和矩型，肩部与臀部的宽度接近，身体最突出的特征是直线条，腰部不明显，为 H 型的轮廓线。

3）Y 型。Y 型身材也就是通常所说的倒三角型身材，宽肩窄臀，体型特征为 Y 型，但是有腰。臀部与腿部较为苗条。

4）A 型。最为突出的体型特点为圆润的肚子，腰部的宽度大于肩部与臀部的宽度。部分 A 型体型也溜肩，胸部较丰满。

5）X 型。肩膀与臀部基本同宽，腰身瘦小。即便腰部有肉，但腰围明显小于臀部及肩膀的宽度。曲线明显，也称沙漏形。

2. 服装设计基础

服装是指人和衣服的总和，是人在着衣后所形成的一种状态。服装设计是运用一定的思维方式、美学规律和设计程序，将其构思以服装效果图的形式表现出来，选择合理的面料通过裁剪和制作实现。

服装设计的三大要素为款式、色彩和面料。在服装设计中，三大要素相互制约、相互依存。

（1）款式设计。以人体为基础的设计，人体的形态和运动的需要是服装款式设计的前提和基础；款式是服装的主体骨架，是服装造型的基础（图 4-27）。服装的造型可分为外造型和内造型。

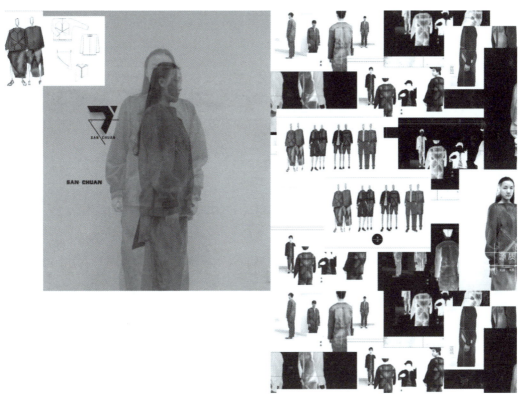

图 4-27　款式设计　学生作品

服装外造型主要是指服装的轮廓剪影，外型轮廓能给人们深刻的印象，在服装整体设计中造型设计属于首要的地位。服装的外轮廓可归纳成 A、H、X、Y 四个基本型。在基本型基础上稍作变化修饰又可产生出多种的变化造型来。以 A 型为基础能变化出帐篷型、喇叭型等造型，如 20 世纪 50 年代流行的帐篷形，对 H 型、Y 型、X 型进行修饰也能产生富有情趣的轮廓型，还有 60 年代的酒杯型、70 年代的倒三角型等。

服装内造型指服装内部的款式，包括结构线、省道、领、袋、领、袖和零部件的设计等。服装的外型是设计的主体，内造型设计要符合整体外观的风格特征，内外造型应相辅相成。

（2）服装面料。服装面料是体现服装款式的载体，不同服装款式需要不同面料来实现。服装面料总体分为两大类：一类为天然纤维材料；另一类为化学纤维材料。随着社会的变迁，经济的发展，服装面料不断的创新，呈现出多种多样不同质地、不同手感的面料（图 4-28）。

图 4-28　服装面料　学生作品

（3）服装色彩。人对色的敏感度远远超过对形的敏感度，人对色彩的反映是强烈的，因而色彩在服装设计中的地位至关重要，但人并非对色彩的感受都所见略同。因此，在服装设计中，对于色彩的选择与搭配要充分考虑不同对象的年龄、性格、修养、兴趣与气质等相关因素，还要考虑不同的社会、政治、经济、文化、艺术、风俗和传统生活习惯对人们色彩感受的影响（图 4-29）。

图 4-29　服装色彩　学生作品

色彩具有较强的视觉冲击力，常常以不同的形式影响着人们的情感和情绪，它是创造服装的整体艺术气氛和审美感受的重要因素。服装领域一向是崇尚流行，流行色在服装中的应用是人们对色彩时尚的追求，突出反映着现代生活的审美特征。

3. 服装配饰

用漂亮的装饰物装饰人体是人类的本能，伴随着人类物质生活和精神生活的不断提高，人类生活丰富多样，人类对美化自身需求也不断提高，这影响着饰品的装饰打扮与审美。

（1）服装配饰的作用。服装需要一定的装饰配件陪衬，服装配饰在服装设计中应用广泛。服装配饰兼有装饰性和实用性，其搭配形式多种多样，有时候成为服装设计的主要表现手段；有时候在服装表现中强调装饰，起到画龙点睛的作用；有时候与服装主体相连，是服装的延伸和发展；有时候与服装融为一体（图4-30）。

图4-30 丝巾的不同用法

在现代服装设计中，对首饰、头巾、帽子、包、腰带、手套、鞋袜等加以应用，可以增强人物整体形象的艺术性和表现力，更好地表达着装者的情趣和修养，使人物形象整体更趋于丰富和完整。

（2）服装配饰设计特点。饰品的装饰形式及装饰行为与生活环境、生活习俗、社会变迁、历史文化息息相关，人们的观念和工艺技术的改进也推动了饰品的进步与发展，饰品主要有以下几个特性。

1）从属性与整体性。对于服装来说，饰品处于从属的位置，起到装饰搭配的作用。在特殊情况下，服装与饰品的关系可以倒置。如服饰品主题发布：珠宝发布、手包的发布、鞋的发布等。在进行人物形象设计时，饰品一定要和服装、化妆、发型相吻合和协调，形成完整的视觉形象（图4-31）。

图4-31　服装与服饰搭配　学生作品

2）历史性与民族性。从历史的角度看，随着社会的变迁，不同历史时期的政治、经济、文化、科技、宗教等，都对饰品产生了深远的影响。从区域来看，不同的地区、气候、生活习俗、文化背景，产生了不同的民族风情（图4-32）。

图4-32　历史性与民族性　学生作品

3）审美性与装饰性。随着人们生活品质的不断改善，饰品的实用性逐渐淡化，而审美要求越来越强烈。人们不断改进饰品的造型、材质、工艺等，促使饰品设计日趋完善。

4. 人物形象设计与服装服饰的关系

著名作家莎士比亚曾说过："即使我们沉默不语，我们的服饰与体态也会泄露我们过去的经历。"从历史的角度来讲，服装会成为一种符号，是时代的一种标志之一，不同时代的人，有不同的着装风格，不同的个人形象……俗话说：人靠衣装、马靠鞍，想要拥有一个良好的个人形象，除了拥有好的外形，服装便是最先考虑的问题。通过结合自身体型、肤色及色彩搭配，综合考虑，设计出提升个人形象的服装。服装设计对人物形象塑造具有重要的影响，对人物形象设计具有积极指导意义。一个美好的形象，无论是在生活中、社交中、职场中都是尤为重要（图4-33）。

图 4-33　服装在人物形象设计中的作用　学生作品

4.2.3.5　素质素养养成

（1）在人体比例测量过程中，以大多数艺术家使用的人体标准比例为参照，要养成以人为本、实事求是、正确的审美感知意识。

（2）在各种体型判断过程中，具备敏锐的观察力和严谨的逻辑思维能力；在为被设计对象服务时，要积极与被设计对象沟通交流，了解对方需求，养成良好的服务意识。

4.2.3.6 任务实施

4.2.3.6.1 任务分配

表 4-4　学生任务分配表

分组要求	1 名组长，2 名被设计者（男女各一），共 3 人				
班级		组号		指导教师	
组长		学号			
组员	分工		姓名	学号	
	组长				
	被设计对象 1（男）				
	被设计对象 2（女）				
任务分工					

4.2.3.6.2 自主探学

任务工作单 4-25　自主探学 1

组号：_____　姓名：_____　学号：_____　检索号：_____

引导问题 1: 按照大多数艺术家使用的人体标准比例，标出图 4-34 中男女的标准比例。

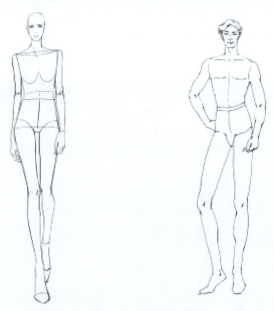

图 4-34　男女人体比例图

引导问题 2：完成本组被设计对象（男女各一）的人体比例测量并记录其人体比例特征。

引导问题 3：记录被设计对象人体比例特征。

男：

女：

任务工作单 4-26　自主探学 2

组号：_____　姓名：_____　学号：_____　检索号：_____

引导问题 1：观察图 4-35 中人的身体轮廓，填写各种体型名称。

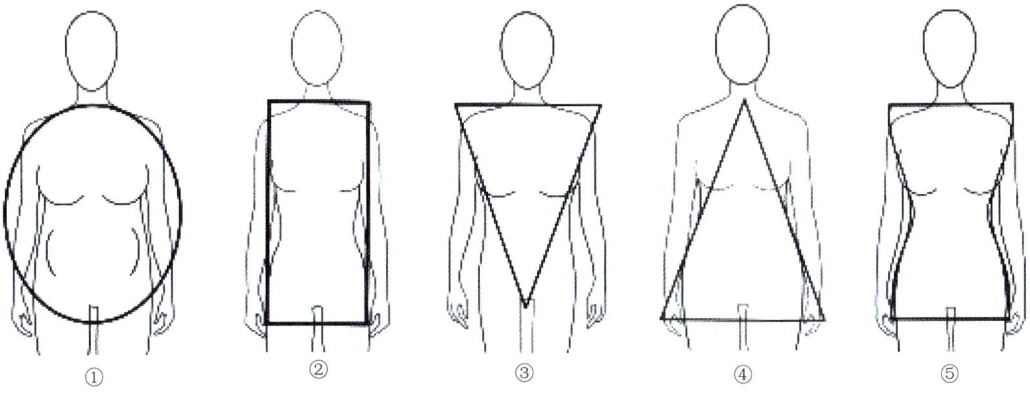

图 4-35　人体图

①_____；②_____；③_____；④_____；⑤_____

引导问题 2：简述被设计对象体型特征。

男：

女：

4.2.3.6.3　合作研学

任务工作单4-27　合作研学

组号：_____　姓名：_____　学号：_____　检索号：_____

引导问题1：小组讨论、教师参与，形成小组正确的服饰搭配建议。

诊断	被设计对象（男）	被设计对象（女）
体型比例		
体型诊断		
服装外形		
领型建议		
袖型建议		
配饰建议		

引导问题2：记录自己的不足。

4.2.3.6.4　展示赏学

任务工作单 4-28
展示赏学

4.2.3.7 评价反馈

任务工作单 4-29 自我评价表

组号：_____ 姓名：_____ 学号：_____ 检索号：_____

班级		组名		日期	年 月 日
评价指标		评价内容		分数	分数评定
信息检索		能有效利用网络、图书资源查找有用的相关信息等；能将查到的信息有效地传递到学习中		10分	
感知课堂生活		理解行业特点，认同工作价值；在学习中能获得满足感		10分	
参与态度		积极主动与教师、同学交流，相互尊重、理解，平等相待；与教师、同学之间能够保持多向、丰富、适宜的信息交流		10分	
		能运用规范的语言，做到有效学习；能提出有意义的问题或发表个人见解		10分	
知识获得		能应用设计师的观察和思考方法对被设计对象进行有效的观察		10分	
		能针对被设计对象，收集被设计对象的相关信息并正确描述被设计对象的外在特征		10分	
		能运用设计语言表述人体外在特征		10分	
		能运用 Office 软件，以专业语言文字和图片结合的形式，完成对设计对象的外形特征进行表述和分析的 PPT 或 Word 文档		10分	
思维态度		能发现问题、提出问题、分析问题、解决问题，有创新意识		10分	
自评反馈		按时按质完成任务；较好地掌握知识点；具有较强的信息分析能力和理解能力；具有较为全面严谨的思维能力并能条理清楚地表达成文		10分	
自评分数					
有益的经验和做法					
总结反馈建议					

任务工作单 4-30　小组内互评验收表

组号：_____　姓名：_____　学号：_____　检索号：_____

验收组长		组名		日期	年　月　日
组内验收 成员					
任务要求	掌握人体的标准比例关系，能正确测量人体的标准比例；掌握各种体型服饰搭配的相关知识；能准确判断各种体型；能应用设计师观察和思考的方法对被设计对象进行服饰搭配				
验收文档 清单	被验收者任务工作单 4-25				
	被验收者任务工作单 4-26				
	被验收者任务工作单 4-27				
	被验收者任务工作单 4-28				
	文献检索清单				

	评分标准	分数	得分
验收评分	能对人体外在特征进行专业的表述，错一处扣 5 分	20 分	
	能应用设计师观察和思考的方法对被设计对象进行有效的观察，错一处扣 5 分	20 分	
	能运用人的外在特征描述关键知识，错一处扣 2 分	20 分	
	应用专业语言文字和图片结合的形式对人的外形特征进行准确表述，错一处扣 2 分	20 分	
	提供文献检索清单，少于 5 项，缺一项扣 4 分	20 分	
评价分数			
不足之处			

任务工作单4-31　小组间互评表

（听取各小组长汇报，同学打分）

被评组号：_____　　检索号：_____

班级		评价小组		日期	年　月　日
评价指标	评价内容				分数评定
汇报 表述	表述准确				
	语言流畅				
	准确反映该组完成任务情况				
内容 正确度	内容正确				
	句型表达到位				
互评分数					
简要评述					

任务工作单 4-32
任务完成情况评价表

项目 4.3 人物形象设计技术进步与行业发展分析

通过学习本项目的内容，完成相应的任务，会对人物形象设计行业发展现状及产品设备技术服务有基本的了解，能够帮助我们更好地进入行业学习。

任务 4.3.1 产品设备技术服务与行业发展现状分析

4.3.1.1 任务描述

完成产品设备技术服务与行业发展现状分析调研。

4.3.1.2 学习目标

1．知识目标：掌握人物形象设计行业变化及行业发展；掌握产品设备技术服务的进步与行业发展。

2．能力目标：能够探究学习专业领域的新技术、新知识、新规范；能够熟练使用演示文稿 PPT 并进行准确表述。

3．素养目标：学会用发展的眼光看待问题，尊重科学，与时俱进；运用正确的世界观，分析行业与个人、社会的依存关系，从而树立正确的职业观；培养严谨的逻辑思维能力、语言表达能力；培养信息收集及有效信息提取的能力。

4.3.1.3 重点难点

1．重点：学会探究学习专业领域的新技术、新知识、新规范。

2．难点：启发学生用发展的眼光看待问题，尊重科学，与时俱进。

4.3.1.4 相关知识链接

1．人物形象设计行业背景

美丽的形象离不开设计，人们对自我形象的关注度标志着一个国家和民族的经济实力及文明素养的发展水平。随着我国经济水平稳步提高，人们参与的社会活动越来越丰富，而第一印象的形成往往是由视觉形象来完成的。如何用得体、悦目的形象来表达自身优秀的内在素养，是很多人都面临的问题。因而，市场在呼唤具有较高专业素质的人才来提升国人的形象力。

2．中国人物形象设计行业发展分析

"形象设计"（Image Design）一词，起源于 1950 年的美国，我国的个人形象设计业与国外相比起步较晚，国内自 20 世纪 80 年代末以来，开始出现过不少从事形象设计

工作的人员，但他们一般是由美容、美发、化妆、服装（饰品）设计等职业中分流出来的。尤其是美容美发和化妆行业，这些人员逐渐从业余到专业，从擅长一门到开始注重整体，但与真正意义上的形象设计师还有相当距离。

形象设计对大多数人来说，还需要不断培养形象意识。随着生活水平的提高，很多人对自身的形象包装已不再满足于简单的穿衣打扮，而是有了更高层面的审美追求。随着对形象设计的需求不断扩大，个人用于形象设计的费用将成为日常消费的一部分。因此，形象设计师的出现充分顺应了消费者的这一需求。形象设计将有着更为广阔的前景。

3．人物形象设计行业就业面向

（1）初始岗位：化妆师助理、化妆品销售员、摄影师助理、助理美工、造型师助理、发型师助理、美发产品公司销售员等。

（2）相近岗位：婚庆策划、影视策划、企业形象设计师、摄影师、美术指导、自媒体推广及运营等。

（3）发展岗位：教师、电视台造型师、化妆师、影视剧组化妆师、发型师、摄影广告造型师、时尚刊物编辑、美容顾问、培训师、美甲师、形象礼仪师、自主创业等。

4．产品设备技术进步与行业发展

（1）化妆行业大类别产品的发展变化。

（2）美发行业大类别产品的发展变化。

（3）化妆行业技术进步的案例。

（4）美发行业技术进步的案例。

5．服务技术进步与行业发展

人物形象设计作为美丽行业，从传统的打理脸部和头发的手工手艺发展到今天的对人们生活的全面介入，是人类对自身的审美创造，是当代审美文化的一个重要变革，是科学技术的重大革新，在人类自身的文明发展史上具有生命更新和人本提升的重要意义。

（1）艺术性是行业创造美丽的灵魂。

（2）时尚性是行业引导受众的标志。

（3）技术性是行业美丽形象的底蕴。

（4）科学性是行业创新发展的本源。

（5）服务性是行业立足社会的根基。

6．形象设计师的健康与发展和行业发展的联系

行业的发展除需要依托社会发展和经济发展外，更重要的是需要依托从业人员素质素养的提升，因此，形象设计师的个人健康和发展非常重要。

形象设计师的健康
与发展和行业发展
的联系

4.3.1.5　素质素养养成

（1）在完成任务中，养成有目的地收集信息和有效信息提取整理的能力；同时学会用发展的眼光看待问题，尊重科学，与时俱进。

（2）在各组分享展示过程中，养成遵守课堂纪律和合作规则的意识，学会尊重他人，

学会倾听。

（3）在各组讨论交流中，实现信息与资源的互补整合，养成积极参与、踊跃发言的习惯；同时运用正确的世界观，分析行业与个人、社会的依存关系，从而树立正确的职业观。

4.3.1.6 任务实施

4.3.1.6.1 任务分配

表4-5 学生任务分配表

班级		组号		指导教师	
组长		任务名称			
组员	分工		姓名		学号
	组长				
	组员				
	组员				
	组员				
任务分工					
任务描述					

4.3.1.6.2 课前任务

任务工作单4-33 课前任务

组号：_____ 姓名：_____ 学号：_____ 检索号：_____

引导问题1：根据人物形象设计专业所涉及的行业，各组完成不同的行业发展现状分析与产品设备技术服务的发展调研。对调研的信息使用规范和专业的语言进行表述并填表。

引导问题 2：根据调研情况，完成所选行业发展现状分析 PPT 课件制作及课内分享准备。

序号	调研内容	语言表述（关键词）
1	调研行业	
2	行业描述	
3	行业的发展历史	
4	行业的价值	
5	行业内的代表	
6	行业现状	
7	产品设备技术服务的发展	

4.3.1.6.3　自主探学

任务工作单 4-34　自主探学

组号：＿＿＿＿＿　姓名：＿＿＿＿＿　学号：＿＿＿＿＿　检索号：＿＿＿＿＿

引导问题 1：各组演讲人用 PPT 课件讲解的形式，完成不同的行业发展现状分析与产品设备技术服务的发展分享。

引导问题 2：认真倾听各组分享，用规范和专业的语言进行记录。

序号	组别	行业名称	主要内容	个人评价
1				
2				
3				
4				
5				
6				
7				

引导问题 3：说一说以上你最感兴趣的行业及个人观点。

4.3.1.6.4　合作研学　　　　　**4.3.1.6.5　展示赏学**

任务工作单 4-35
合作研学

任务工作单 4-36
展示赏学

4.3.1.7　评价反馈

任务工作单 4-37　自我评价表

组号：_____　姓名：_____　学号：_____　检索号：_____

班级		组名		日期	年　月　日
评价指标	评价内容			分数	分数评定
信息检索	能有效利用网络、图书资源查找有用的相关信息等；能将查到的信息有效地传递到学习中			10分	
感知课堂生活	理解行业特点，认同工作价值；在学习中是否能获得满足感			10分	
参与态度	积极主动与教师、同学交流，相互尊重、理解，平等相待；与教师、同学之间能够保持多向、丰富、适宜的信息交流			10分	
	能运用规范的语言，做到有效学习；能提出有意义的问题或发表个人见解			10分	
知识获得	能够完成产品设备技术服务与行业发展现状分析的调研			10分	
	能够完成产品设备技术服务与行业发展现状分析的 PPT 课件制作及分享			10分	
	能够完成各小组讨论及评价			10分	
	能够正确表述自己对产品设备技术服务的理解			10分	
思维态度	能发现问题、提出问题、分析问题、解决问题，有创新意识			10分	
自评反馈	按时按质完成任务；较好地掌握知识点；具有较强的信息分析能力和理解能力；具有较为全面严谨的思维能力并能条理清楚地表达成文			10分	
	自评分数				
有益的经验和做法					
总结反馈建议					

任务工作单 4-38 小组内互评验收表

组号：_____ 姓名：_____ 学号：_____ 检索号：_____

验收组长		组名		日期	年　月　日
组内验收成员					
任务要求	能够完成产品设备技术服务与行业发展现状分析的调研；能够完成产品设备技术服务与行业发展现状分析 PPT 的课件制作及分享；能够完成各小组讨论及评价；能够正确表述自己对产品设备技术服务的理解				
验收文档清单	被验收者任务工作单 4-33				
	被验收者任务工作单 4-34				
	被验收者任务工作单 4-35				
	被验收者任务工作单 4-36				
	文献检索清单				

验收评分	评分标准	分数	得分
	能够完成产品设备技术服务与行业发展现状分析的调研，错一处扣 5 分	20 分	
	能够完成产品设备技术服务与行业发展现状分析的 PPT 课件制作及分享，错一处扣 5 分	20 分	
	能够完成各小组讨论及评价，错一处扣 5 分	20 分	
	能够正确表述自己对产品设备技术服务的理解，错一处扣 5 分	20 分	
	提供文献检索清单，少于 5 项，缺一项扣 4 分	20 分	
评价分数			
不足之处			

任务工作单 4-39　小组间互评表

（听取各小组长汇报，同学打分）

被评组号：_____　　检索号：_____

班级		评价小组		日期	年　月　日
评价指标	评价内容			分数	分数评定
汇报 表述	表述准确			15 分	
	语言流畅			10 分	
	准确反映该组完成任务情况			15 分	
内容 正确度	内容正确			30 分	
	句型表达到位			30 分	
互评分数					
简要评述					

任务工作单 4-40
任务完成情况评价表

模块 5　人物形象设计服务

项目 5.1　形象设计服务流程认知

任务 5.1.1　形象设计服务认知训练

5.1.1.1　任务描述

根据课程对人物形象设计服务的讲解，进行一次实际服务体验，记录服务流程并完成服务感受分析，并用文字和图片结合的方式用 PPT 或 Word 文档形式，用规范和专业的语言进行描述。

5.1.1.2　学习目标

1．知识目标：掌握人物形象设计服务的标准流程；掌握与五种感官相连的服务体验的知识要点；掌握有效沟通的知识。

2．能力目标：能理解服务的标准流程的内容和相关因素；能应用专业语言文字和图片结合的形式对服务进行准确表述；能思考形象设计服务中的体验感与艺术设计感知之间的关系。

3．素养目标：培养观察分析能力，突出以人为本的理念；培养遵循实事求是的原则，理论联系实际；培养严谨的逻辑思维能力、语言表达能力；培养有效沟通和交流的能力；培养信息收集及有效信息提取的能力。

5.1.1.3　重点难点

1．重点：服务的四个要点的灵活运用。

2．难点：服务中的礼仪。

5.1.1.4　相关知识链接

1. 形象设计服务流程

（1）咨询。咨询的意思是通过某些人头脑中所储备的知识经验和通过对各种信息资料的综合加工而进行的综合性研究开发。咨询产生智力劳动的综合效益，起着为决策者充当顾问、参谋和外脑的作用。作为造型师，需要应用自己的知识储备和经验，通过有效的沟通方式和手段，获得被设计对象的有效信息和资讯，为之后做出设计方案提供依据。

（2）计划。组织实施及时间管理服务计划的内容一般包括服务单位参考信息、根据工作任务书需要客户提供的资料、服务与设施的解释及建议、实施服务的方法描述、服务团队组成、岗位责任和任务分配、服务人员投入时间计划、工作进度计划等。

（3）决策。设计决策首先需要理解设计，设计活动是将"以人为本"的设计理念贯穿其中，从而最终为人类创造出合理、健康的生存方式。

设计的目的是为人服务，这是至今为人们所共识的概念。设计运用科学技术创造人的生活和工作所需要的物和环境，并使人与物、人与环境、人与社会相互谐调，其核心是为"人"。

人物形象设计决策是为现实的工作和生活服务，更是为了未来长远的发展。因此，它的内容包括外在形式，如服饰、化妆、发型等，并且也包括内在性格的外在表现，如气质、举止、谈吐、生活习惯等。从这一高度出发的形象设计，绝非化妆师或服装设计师的能力所能完成的。形象设计是通过对主体原有的不完善形象进行改造或重新构建，来达到有利于主体的目的。虽然这种改造或重建工作可以在较短的时间内完成，但是客观环境对于主体新形象的确认则有一个较长的过程，并非一朝一夕之事。理解人物形象设计的目的才能更好地根据顾客的需求做出设计决策，从而使客户改造后以优质的外表展现个人完美内涵，因此，更需要深入了解人类群体共性中的个性化元素。

（4）实施。人物形象设计实施包含参与设计、实现设计两部分。必须遵循设计的原则、设计的程序、设计的方法，以及设计的实现手段和设计的组织及管理。

（5）评估。人物形象设计评估包含客户需求及审美价值。评估是对技术实施过程及实施结果的一种评价，也是对顾客本身的影响进行综合的、多方面的估价和分析，为后续客户管理提供咨询的一种手段。评估的主要内容包括：

形象设计技术实现
手段及要素

1）在技术应用时过程中的感受，预先从视觉感知、技术感知带来的好或坏的影响，并找出对策或替代方案。

2）技术的可行性、经济性、安全性等方面的价值利益分析。

3）提出客观的结论和建议。

（6）反馈。回访及预约实施顾客满意情况的监视，定期进行测量，不断改进工作，提高顾客满意度。

2. 如何进行有效沟通

在造型师的职业生涯中，有一种比其他任何事情都能加快成功的元素，这个元素就是进行有效沟通的能力。有效沟通是所有设计行为的基础。

沟通：每当你与某个人交换意见、思想或交流感情时，就是在沟通。所以，要获得成功，沟通技巧与技术一样重要。作为一名造型师，主要责任就是运用知识和技术使顾客感觉更好，变得更漂亮。同时要记住，不但要使顾客相信你的诚实和承诺，你的建议及服务同样很重要。

常见的对沟通的理解：

（1）行为的互动。

（2）谈话或书信交沟通。

（3）通过沟通的媒介进行沟通，如新闻、报纸、杂志等。

（4）交往、联系的一种方式。

（5）借助通信工具进行的交流。

非语言沟通：非语言沟通（有时叫作"身体语言"），即不通过说话来交流信息。人的外表、姿势、姿态、触摸、面部表情、眼神接触、手势及沉默等常常达到"此时无声胜有声"的效果。

例如，微笑是一种表示赞同的通用符号。又比如，如果一个人与别人握手时笔直站立，两肩端平，头抬得较高，这就表示他（她）很自信。弓肩及倾斜身体的姿势则表示不确定的心态。

（1）积极的身体语言。在最初的顾客沟通时，或与某人面对面沟通时，身体微微前倾表示对说话者很专注，对说话的内容有强烈的兴趣。而身体后倾则表示怀疑或不感兴趣。一些轻微的动作就会表达你对自身及周围环境的感觉。所以，你的姿势一定要表示出你很自信，而且对顾客所说的话很感兴趣。

（2）消极的身体语言。在与人沟通的过程中，没有正面交流对象、双手交叉环抱于胸前、左顾右盼、手部及腿部不断有小动作，都从不同的程度反映出对交流对象或交流内容的消极反应。

语言沟通：不同的语言沟通（如何说话）方式会影响你所要表达的含义。你说话的声调、声音、语速等都在语言沟通中起着很重要的作用。

说话的方式与说话的内容一样重要。一种抑扬顿挫、高低快慢的和谐声音比那些不必要的——常常是无吸引力的——高音或尖叫声更能引人注意。听者可能会"关掉"这种刺激的声音，于是连所说的内容也错过了。在不同的场合听听你自己的声音。在正常谈话时声调可能很和谐，而在兴奋时则可能变成刺耳的尖叫声。你的声音一定要始终反映你要展示的个人形象。

语言，如果使用正确，就会恰当清楚地传达思想和需要。如果使用不正确，那么语言就失去了魅力。更糟糕的是，沟通的效果就大打折扣。

双向沟通：双向沟通指发送者和接受者两者之间的位置不断交换，且发送者是以协商和讨论的姿态面对接受者，信息发出以后还需及时听取反馈意见，必要时双方可进行多次重复商谈，直到双方共同明确和满意为止，如交谈、协商等。

是否能将顾客所需要的效果准确地付诸事实，取决于你是否完全理解并诠释他们的需要。最好的方法是，首先鼓励顾客开口说出自己的要求，使你获得足够的信息，这样你就会全面地了解他们的愿望。做一个好的倾听者，并在必要时询问一些问题。其次，将顾客所说的

双向沟通技巧

内容用你自己的话重复给顾客听。

5.1.1.5　素质素养养成

（1）在与被设计对象的沟通中，遵守实事求是的原则，遵循以人为本的理念，理论和实际相结合，学会尊重他人。

（2）在记录和表达被设计对象信息时，养成用设计师的思维方式、逻辑、专业语言进行描述。

（3）通过观察和交流的方式，在收集被设计对象信息过程中，培养专业而有效的沟通交流能力。

5.1.1.6　任务实施

5.1.1.6.1　任务分配

表 5-1　学生任务分配表

班长		组号		指导教师	
组长		学号			
组员	姓名	学号		姓名	学号

148

5.1.1.6.2 自主探学

组号：_____ 姓名：_____ 学号：_____ 检索号：_____

引导问题：根据自己的服务体验过程完成以下服务流程的记录，用规范和专业的语言描述咨询、计划、决策、实施、评估、反馈的要点并填表。

服务流程	语言表述	
	体验过程描述	沟通方式
咨询		
计划		
决策		
实施		
评估		
反馈		

任务工作单 5-2　自主探学 2

组号：_____　姓名：_____　学号：_____　检索号：_____

引导问题： 根据自己的体验过程联系所学的"艺术设计感知力"的内容，对自己的被服务体验进行描述。

服务感知	语言表述	
	体验过程描述	与艺术感知相关的描述
视觉		
听觉		
触觉		
嗅觉		
味觉		

5.1.1.6.3　合作研学

任务工作单 5-3
合作研学

5.1.1.6.4　展示赏学

任务工作单 5-4
展示赏学

5.1.1.6.5 方法应用

任务工作单 5-5 方法应用

组号：_____ 姓名：_____ 学号：_____ 检索号：_____

引导问题： 根据自己的服务体验，用文字和图片结合的方式，用 PPT 或 Word 文档形式，使用规范和专业的语言，写出形象设计服务中的注意事项。

5.1.1.7 评价反馈

任务工作单 5-6 自我评价表

组号：_____ 姓名：_____ 学号：_____ 检索号：_____

班级		组名		日期	年　月　日
评价指标	评价内容			分数	分数评定
信息检索	能有效利用网络、图书资源查找有用的相关信息等；能将查到的信息有效地传递到学习中			10 分	
感知课堂生活	理解行业特色，认同工作价值；在学习中能获得满足感			10 分	
参与态度	积极主动与教师、同学交流，相互尊重、理解，平等相待；与教师、同学能够保持多向、丰富、适宜的信息交流			10 分	
	能运用规范的语言，做到有效学习；能提出有意义的问题或发表个人见解			10 分	
知识获得	掌握人物形象设计服务的标准流程			10 分	
	掌握与五种感官相连的服务体验的知识要点			10 分	
	掌握有效沟通的知识			10 分	
	能运用 Office 软件，以专业语言文字和图片结合的形式，完成对设计对象的外形特征进行表述和分析的 PPT 或 Word 文档			10 分	
思维态度	能发现问题、提出问题、分析问题、解决问题，有创新意识			10 分	
自评反馈	按时按质完成任务；较好地掌握知识点；具有较强的信息分析能力和理解能力；具有较为全面严谨的思维能力并能条理清楚地表达成文			10 分	
自评分数					
有益的经验和做法					
总结反馈建议					

任务工作单 5-7　小组内互评验收表

组号：_____　姓名：_____　学号：_____　检索号：_____

验收组长		组名		日期	年　月　日
组内验收 成员					
任务要求	1．针对被服务对象，根据与被服务对象之间的沟通收集与之相关的信息，能用规范和专业的语言描述四个服务的要点； 2．掌握不同类型顾客的特点和进行有效沟通的方法； 3．掌握形象设计商业服务类型； 4．能通过资料收集及分析，应用专业语言文字和图片结合的形式对人物形象相关行业进行准确分析				
验收文档 清单	被验收者任务工作单 5-1				
	被验收者任务工作单 5-2				
	被验收者任务工作单 5-3				
	被验收者任务工作单 5-4				
	文献检索清单				
验收评分	评分标准			分数	得分
	能运用语言描述如何融入与人相处的五感，错一处扣 5 分			20 分	
	能应用对被服务对象的观察和分析找到有效的沟通方法，错一处扣 5 分			20 分	
	能运用调研查阅的方法正确区分形象设计行业服务范围，错一处扣 2 分			20 分	
	应用专业语言文字和图片结合的形式对人物形象相关行业进行准确分析，错一处扣 2 分			20 分	
	提供文献检索清单，少于 5 项，缺一项扣 4 分			20 分	
评价分数					
不足之处					

任务工作单 5-8 小组间互评表

（听取各小组长汇报，同学打分）

被评组号： _____ 检索号： _____

班级		评价小组		日期	年　月　日
评价指标	评价内容			分数	分数评定
汇报 表述	表述准确			15 分	
	语言流畅			10 分	
	准确反映该组完成任务情况			15 分	
内容 正确度	内容正确			30 分	
	句型表达到位			30 分	
互评分数					
简要评述					
总结反馈 建议					

任务工作单 5-9
任务完成情况评价表

项目 5.2　形象设计服务质量与社会价值认知

任务 5.2.1　制作形象设计服务质量评价表

5.2.1.1　任务描述

根据课程对人物形象设计服务价值的讲解，通过调研 3 ～ 4 家同类型形象设计相关门店，完成服务质量对比评价表和模拟门店服务质量评价表。

5.2.1.2　学习目标

1．知识目标：掌握服务概念及要素；掌握人物形象设计服务价值的概念。

2．能力目标：能判断运用服务价值的要素；能应用专业语言文字和图片结合的形式对服务进行准确表述。

3．素养目标：培养观察分析能力，突出以人为本的理念；培养严谨的逻辑思维能力、语言表达能力；培养有效沟通和交流的能力；培养信息收集及有效信息提取的能力。

5.2.1.3　重点难点

1．重点：人物形象设计服务价值的概念。

2．难点：判断服务价值的要素。

5.2.1.4　相关知识链接

1．服务的含义与重要性

在积极参与经济活动的人员中，大部分都是在交通、快递或教育之类的服务业中工作，他们也许是法官、律师、医生、教师或邮递员。人物形象设计从业人员服务于客户本身也是在提供服务。

（1）服务的含义。service（服务）每个字母的含义如下：

第一个字母 s，即 smile（微笑），其含义是员工要对每位顾客提供微笑服务。

第二个字母 e，即 excellent（出色），其含义是员工要将每一项微小的服务工作都做得很出色。

第三个字母 r，即 ready（准备好），其含义是员工要随时准备好为顾客服务。

第四个字母 v，即 viewing（看待），其含义是员工要把每位顾客都看作是需要提供照顾与关怀的老、弱、长、晚辈。

第五个字母 i，即 inviting（邀请），员工在每次服务结束时，都要真诚的邀请宾客再次光临。特别是迎宾员在送宾语中的情感含量。

第六个字母 c，即 creating（创造），其含义是每一位员工要精心创造出使顾客能享受其热情服务的气氛。

第七个字母 e，即 eye（眼光），其含义是每一位员工始终要用热情好客的眼光关注顾客，预测顾客的需求，并及时提供服务，使顾客时刻感受到服务员在关心自己。

（2）服务的 7 个要素。

1）微笑待客，微笑不只是一种表情，更是一种态度，一方面表现为我喜欢我从事的工作，另一方面对于客户则感觉到我是受欢迎的。

2）精通业务上的工作，业务人员全面的知识和熟练的技能是获得客户信任并产生信心的重要条件（班前充分准备可以帮助业务人员增强自信心，有利于应对客户的各种需求，避免失误），深入才能深刻，深入才能生动。把自己分内的事尽量做得精益求精就是精通业务。

3）对顾客的态度亲切友善，每个业务人员都应该经常思考怎样让顾客在自己的服务行为中感受亲切和友善。其具体体现为"为顾客着想"。

4）要将每一个顾客都视为特殊的和重要的大人物，这一点就是要让客户感觉到服务人员对自己的理解和重视。

5）邀请每一个客户再次使用我们的产品。

6）要营造一种温馨的服务环境。

7）要用眼神表达对客户的关心。

服务的全流程：接待用户→理解用户→帮助客户→留住客户→接待客户。

（3）服务的重要性。服务质量是指服务能够满足现有和潜在需求的特征和特性的总和，是企业为使目标顾客满意而提供的最低服务水平，也是企业保持已预订服务水平的连贯性程度。

传统的观点仅将服务局限在服务业上。然而，随着市场环境的改变，服务已融入各行各业并起着越来越重要的作用，成为企业增加产品附加值、实施差别化战略，进而获得竞争优势的最佳途径。

在服务的过程中，消费者所提供的不仅仅是抱怨，更有对企业的发展有积极促进作用的忠告和其他市场信息，发现产品在质量、性能等方面的缺点或不足，从而为企业进一步的产品开发、服务创新、市场竞争等方面采取新措施提供决策上的指导。尤其是良好的售后服务，有助于企业了解客户对产品和服务的真实意见，包括客户的潜在需求，从而为企业的产品开发和服务创新提供指南。

（4）服务的两个基本特征。服务的两个基本特征是无形性和同时性。无形性是因为服务是非物质的，服务是消费者不能带走的一些行为，而且这些行为有时甚至会看不见。同时性是因为服务的生产和消费基本上是同时发生的。

（5）服务与管理。服务无法制定统一的标准，无形性和同时性有时会使得一项服务产品变得很复杂，难下定义，也难向顾客说明。一家三星级的饭店提供的绝不仅仅是食物，它还提供品位、服务、舒适的内部装潢、地位、社交环境等。服务中人们通常将实质因素和一系列的外围需求区别开，其实人际接触、安全感、气氛、归属感、环境、时机选择等需求，有时比实质性需求更重要。

在服务业，服务是一种过程，一种正在被生产的产品，这种产品一生产出便消失了。服务的提供者面对的是有着独特需求的真实的顾客，他们每一个人都有着不同的需求，因此，服务也是一个多样化的产品，无法给其制定一个统一的标准，也无法通过控制生产过程中的参数来重复生产同样的产品。如在麦当劳，即便原料相同，温度、时间等过程参数都相同，根特市的汉堡包和纽约的味道仍然不同，这是因为客户群、地区、社会接受程度等环境因素有所不同。

服务生产过程和客户之间的相互作用服务是一种生产过程，它面对的是有着独特需求的顾客。在服务的过程中需要服务人员与顾客不断沟通，认真思考顾客反馈的信息，不断改善自己的服务，以更好地满足顾客的需求，得到更多顾客的认可。所以，服务生产过程和客户之间的相互作用往往直接影响顾客对员工或企业的承认。

（6）影响客户对服务印象的七种因素。影响客户对服务印象的七种因素包括服务业的整体形象、与顾客接触的一般形象、同一行业内的形象差异、定为企业目标的客户群体、服务环境、气氛、直接与客户接触的操作员和其他岗位。

1）服务业的整体形象。从社会学的角度来看，工业企业的经济活动是相当中立的，然而在服务业情况就有所不同了。各个服务行业往往有一个事先被认定的声誉，而这种声誉并不仅仅取决于产品的经济价值，它也和社会学角度上的肯定或否定价值有关。比如，公交系统和二手车交易行在顾客的心目中形象不佳，而医疗卫生和软件行业的企业，似乎有良好的声誉。

2）与顾客接触的一般形象。服务人员的形象和工作是否出色并无关系。空中小姐和餐厅服务员的形象完全不同，即使她们做的是几乎同样的工作。在某些治疗中，相对药房的药师，患者可能更信赖医生，即使这位药师通过经验积累或训练和医生具有同样合格的资格。

3）同一行业内的形象差异。麦当劳的标语口号"我们为您做了一切"，使它与竞争对手汉堡王区别开来，后者的口号是"您自己决定"。麦当劳提供现成的产品，顾客无须增加任何东西。而在汉堡王，顾客必须自己调配汉堡包，决定肉该如何煎的，是顾客自己，即"您自己决定"。

4）企业目标的客户群体。这会影响客户对服务的印象。事实上，顾客之间经常进行交流，当前的客户对服务存在不满时，他就会向同行抱怨，这种抱怨自然会影响企业在顾客心目中的形象，也会使企业流失部分潜在客户。所以，当前的客户在决定未来的顾客群体方面起了重要的作用。

5）服务环境。接待周到、建筑物的氛围、整洁程度、室内布局等，这些环境因素也会影响客户对服务的印象。如果服务人员接待不周到，顾客会从这个小的方面推测：这个公司提供的服务肯定不好。因为接待仅仅是个开始，是服务过程的一小部分，这个小的部分都做不好，顾客还能有什么期望呢？

6）气氛。很多因素可以共同带来一种平静、勤劳、高效、合作的气氛，这种气氛也会影响顾客对服务的印象。比如，在服务的过程中，顾客看到每一位员工都面带微笑，工作井然有序，看到的是一个热情、团结、向上的服务团队，自然会对企业的服务感到满意。所以，好的服务气氛会给顾客留下良好的服务印象。

7）直接与客户接触的操作员和其他岗位。直接与客户打交道的操作员工和其他岗位人员，可以通过自己的态度、行为举止及专业技能，对顾客产生影响。此外，工作程序、材料，如书面文件、设备等也会影响顾客对服务的印象。

（7）形象设计服务与人的五感与体验。人物形象设计服务是一项综合性结合的工作。在服务中，门店或者企业经常会借鉴、引入现代企业管理的方法和理念来促进客户体验优化、服务品质提升、提高满意度和品牌影响力。

"五感"体验管理也是一种提升体验的现代管理方法，更多应用于高级酒店、奢华汽车、景观设计等领域。但随着人物形象设计服务行业由粗放式向精细化转变，市场竞争由单纯的技术感受慢慢转变为在细节体验上的差异。同样，"五感"体验管理也逐步应用于人物形象设计行业中。

什么是五感体验？

所谓的"五感"，就是人们具有的最直接的、最基础的五种感受和体验，分别为视觉、听觉、嗅觉、触觉及味觉。

形：指形态和形状，包括长、方、扁、圆等一切形态和形状。

声：指声音，包括高、低、长、短等一切声音。

色：指颜色，包括红、黄、蓝、白、黑等各种颜色。

味：指味道，包括苦、辣、酸、甜、香等各种味道。

触：指触感，包括触摸中感觉到的冷热、滑涩、软硬、痛痒等各种触感。

据研究，人类80%的信息记忆来自视觉。因此，人物形象设计服务一定要充分服务于人们的视觉要求。

2. 人物形象设计服务创造价值

（1）服务劳动是创造价值的生产劳动。经济学把人类劳动的成果分为商品与服务，这就是所谓的商品与服务的"两分法"。古典经济学家亚当·斯密认为：一切生产过程都创造价值。价值只能在生产过程中形成，生产过程由土地、资本和劳动组成，因此，他认为，要增加财富，就要把更多的劳动投入到生产过程中。同时，他又把劳动分成生产性劳动和非生产性劳动，认为只有生产性劳动是同生产过程相结合的，他认为他们之间有三个区别：

第一，前者创造价值，而后者则不创造价值；

第二，前者生产实物形态的物质产品，而后者的产品是无形的。

第三，前者是进入生产资料和生活资料生产部门的劳动，而后者是耗费在商品流通、上层建筑，以及生活和休闲服务部门的劳动。

一般来说，随着收入和生活水平的不断提高，人们越来越多地支出货币购买服务，满足个人的生存、生活，提高生活品质的需求。若服务没有价值，人们为什么要这么做呢？到底什么样的劳动才创造价值呢？

（2）服务劳动的商品价值一般属性。

1）作为生活消费资料满足人类需要。

①生存资料：运输服务消费品、医疗卫生服务消费品、个人生活服务消费品、商业服务消费品。

②发展资料：体育服务消费品、教育文化服务消费品、科研服务消费品、信息服务消费品。

③享受资料：艺术服务消费品、游乐服务消费品。

2）作为生产资料满足生产的需要。

①智力型服务生产资料：科研服务，信息服务，维修、技术服务。

②非智力型服务生产资料：运输服务、仓储服务、金融保险服务。

3）服务商品使用价值是社会财富的来源。

4）服务商品使用价值是交换价值的物质承担者。

在现代社会，人物形象设计服务不仅作为个人生活服务消费品，满足人类生存资料需要，还能够满足人类发展资料信息服务消费需要，既具备智力型技术服务需要，还能在某种程度上满足人类享受资料的服务需要。因此，人物形象设计服务作为服务商品，理应具有商品的价值。

（3）服务商品的价值。商品的价值是由生产商品的社会必要劳动时间决定的。服务商品的价值由提供服务过程中使用的物质成本、人力劳动时间成本和服务技术价值共同构成。

人物形象设计服务作为商品的价值包括服务过程中付出的社会必要劳动时间，服务过程中使用的物质产品的价值，服务过程中为满足客户生存、生活、发展、享受、智力和非智力型服务所产生的成本价值。

因此，在人物形象设计服务领域想要通过服务创造价值，首先需要认识服务的重要性，我们需要将服务提升为"主动服务"意识。以他人为中心，服务他人，才能体现出自身存在的价值，在岗位上，服务是一种精神，存在于我们的思维活动、自觉的心理状态中，包括情绪、意识、良心等。简而言之，是否能设身处地为顾客着想、行事，就是服务精神最好的体现。作为服务行业的我们更应该通过主动服务来提升自身的公众形象与认可度。

客户的认同就是我们自我价值的实现；通过服务，让更多的顾客对人物形象设计行业建立良好的印象更是提升了我们的公信力，这才是行业在如今社会最宝贵的财富。人物形象设计行业具有特殊性，能提高客户的外在形象建立生活中的自信心，并能创造更大的自我价值。我们通过优质的服务不但能够为公司创造收益，而且能够承担更大的社会价值。

党的十八大以来，通过学习社会主义核心价值观，更让我们对服务创造价值有了新的理解与认识。敬业是对我们职业行为准则的价值评价，要求我们忠于职守、克己奉公，服务人民、服务社会，充分体现了社会主义职业精神，也是我们应具备的职业素养；友善则强调公民之间应互相尊重、互相关心、互相帮助，和睦友好，努力形成社会主义的新型人际关系。

在做好服务的同时，我们更应具有危机意识，在互联网产业迅猛发展的今天，越来越多的岗位已被手机小程序、App等所替代，我们有别于科技产品的本质区别就是能够创造的服务，这不仅为我们带来了最直接的经济效益，同时以现实的例子提醒了我们"主动服务"在服务行业中的重要性。把服务看作一份工作，它产生的只有成本；把服务看作一个过程，它创造的将是价值。我们应该不断提高真情服务水平，对标国际，全面提高人物形象设计行业的创新能力与商业价值，彰显形象和增强竞争优势的"软实力"。

5.2.1.5　素质素养养成

（1）在与被设计对象的沟通中，要遵守实事求是的原则，遵循以人为本的理念，理论和实际相结合，学会尊重他人。

（2）在通过观察和交流收集被设计对象信息过程中，养成专业而有效的沟通交流能力。

（3）在完成任务过程中，养成有目的地收集信息和提取整理有效信息的能力。

5.2.1.6　任务实施

5.2.1.6.1　任务分配

表 5-2　学生任务分配表

班长		组号		指导教师	
组长		学号			
组员	姓名	学号		姓名	学号

5.2.1.6.2 自主探学

<h2 style="text-align:center">任务工作单5-10 自主探学1</h2>

组号：_____ 姓名：_____ 学号：_____ 检索号：_____

引导问题：通过对服务概念和要素的学习，做一项服务的市场调研，并用规范和专业的语言记录调研内容，填表。

服务要点	语言表述			
	门店调研服务流程			
门店名称及服务内容	1	2	3	4
服务前的沟通过程（是否达成服务，原因是什么）				
员工形象描述				
专业技能体验过程及结果是否满足你的要求				
体验过程中你觉得需要改进及完善的内容				

任务工作单 5-11　自主探学 2

组号：_____　姓名：_____　学号：_____　检索号：_____

引导问题： 根据市场调研结果，结合课程，讲述完成服务中艺术视觉感知的相关体验描述。

服务中的艺术视觉感知	语言表述			
	过程描述			
视觉 （环境、人员）				
听觉 （沟通交流语言、环境）				
触觉 （操作过程、环境）				
嗅觉 （环境、服务人员）				
味觉 （是否给顾客准备茶点）				

5.2.1.6.3　合作研学

任务工作单 5-12
合作研学

5.2.1.6.4　展示赏学

任务工作单 5–13　展示赏学

组号：_____　姓名：_____　学号：_____　检索号：_____

引导问题： 以 PPT 汇报形式，分享各组调研及分析的过程与结论。

注意：PPT 内容需要包括调研服务内容描述，过程感受和体验，服务质量分析评价及结论。

5.2.1.6.5　方法应用

任务工作单 5–14　方法应用

组号：_____　姓名：_____　学号：_____　检索号：_____

引导问题： 根据对人物形象设计服务概念及价值的学习结合之前的市场调研分析评价表格，自己设计人物形象设计服务质量评价表。

5.2.1.7　评价反馈

任务工作单 5-15　自我评价表

组号：_____　姓名：_____　学号：_____　检索号：_____

班级		组名		日期	年　月　日
评价指标	评价内容			分数	分数评定
信息检索	能有效利用网络、图书资源查找有用的相关信息等；能将查到的信息有效地传递到学习中			10分	
感知课堂生活	理解行业特点，认同工作价值；在学习中能获得满足感			10分	
参与态度	积极主动与教师、同学交流，相互尊重、理解、平等相待，与教师、同学之间能够保持多向、丰富、适宜的信息交流			10分	
	能运用规范的语言，做到有效学习；能提出有意义的问题或发表个人见解			10分	
知识获得	掌握服务概念及要素			10分	
	掌握人物形象设计服务价值的概念			10分	
	能运用调研分析的方法对人物形象设计相关行业服务质量进行分析与评价			10分	
	能运用 Office 软件，以专业语言文字和图片结合的形式，完成对设计对象的外形特征进行表述和分析的 PPT 或 Word 文档			10分	
思维态度	能发现问题、提出问题、分析问题、解决问题，有创新意识			10分	
自评反馈	按时按质完成任务；较好地掌握知识点；具有较强的信息分析能力和理解能力；具有较为全面严谨的思维能力并能条理清楚地表达成文			10分	
自评分数					
有益的经验和做法					
总结反馈建议					

任务工作单5-16 小组内互评验收表

组号：_____ 姓名：_____ 学号：_____ 检索号：_____

验收组长		组名		日期	年 月 日
组内验收成员					
任务要求	针对被服务对象，根据与被服务对象之间的沟通收集与之相关的信息，能用规范和专业的语言描述服务的三大要点；掌握不同类型顾客的特点和进行有效沟通的方法；掌握人物形象设计服务价值的概念；能通过资料收集及分析，应用专业语言文字和图片结合的形式对人物形象相关行业进行准确分析				
验收文档清单	被验收者任务工作单5-10				
	被验收者任务工作单5-11				
	被验收者任务工作单5-12				
	被验收者任务工作单5-13				
	文献检索清单				

	评分标准	分数	得分
验收评分	能运用语言描述如何融入与人相处的五感，错一处扣5分	20分	
	能判断运用服务价值的要素，错一处扣5分	20分	
	能应用专业语言文字和图片结合的形式对服务进行准确表述，错一处扣2分	20分	
	应用专业语言文字和图片结合的形式对人物形象相关行业进行准确分析，错一处扣2分	20分	
	提供文献检索清单，少于5项，缺一项扣4分	20分	
	评价分数		
不足之处			

任务工作单 5-17 小组间互评表

（听取各小组长汇报，同学打分）

被评组号：_____ 检索号：_____

班级		评价小组		日期	年 月 日
评价指标	评价内容			分数	分数评定
汇报 表述	表述准确			15分	
	语言流畅			10分	
	准确反映该组完成任务情况			15分	
内容 正确度	内容正确			30分	
	句型表达到位			30分	
	互评分数				
简要评述					

任务工作单 5-18
任务完成情况评价表

模块 6 人物形象设计方法

项目 6.1　人物形象设计思维训练

通过学习和项目训练，学生能够逐渐养成设计师的思维，学会设计师观察事物的方法，能够从设计师的角度去观察、判断被设计对象的特征，并做出专业的描述。

任务 6.1.1　被设计对象特征描述

6.1.1.1　任务描述

通过专业知识的学习，选择一个被设计对象，并用文字和图片结合的方式用 PPT 或 Word 文档形式，用规范和专业的语言，完成被设计对象的基本情况描述。

6.1.1.2　学习目标

1. 知识目标：掌握对人体外在特征表述的专业语言；掌握人的外在特征描述关键知识。

2. 能力目标：能应用设计师的观察和思考方法对被设计对象进行有效的观察；能通过观察、交流等方式收集信息并提取有效信息；能应用专业语言文字和图片结合的形式对人的外形特征进行准确表述；能熟练使用 Office 办公软件。

3. 素养目标：培养观察分析能力，突出以人为本的理念；遵循实事求是的原则，理论联系实际；培养严谨的逻辑思维能力、语言表达能力；培养有效沟通和交流的能力；培养信息收集及有效信息提取的能力。

6.1.1.3　重点难点

1. 重点：用专业的语言表述设计对象的外形特征。
2. 难点：设计师的观察和思考方法应用。

6.1.1.4　相关知识链接

1. 设计师的"观察"

（1）"观察"的定义。观察，是有目的、有计划的知觉活动，是知觉的一种高级形式。观，指看、听等感知行为，察即分析思考，即观察不只是视觉过程，是以视觉为主，融其他感觉为一体的综合感知，而且观察包含积极的思维活动，因此，称为知觉的高级形式。

《周礼·地官·司谏》："司谏，掌纠万民之德而劝之朋友，正其行而强之道艺，巡问而观察之。"

《后汉书·应劭传》："虽未足纲纪国体，宣洽时雍，庶几观察，增阐圣听。"

唐玄奘《大唐西域记·瞿萨旦那国》："王遂命驾，躬往观察，既睹明贤，心乃祗敬。"

清王韬《〈火器略说〉后跋》："时中丞方有观察苏松之命，亟欲招余一往。"

（2）观察的方法。由李庆臻编撰的，科学出版社在1999出版的《科学技术方法大辞典》对观察方法做出以下的分类和解释：

1）自然观察方法。就是对大自然中所存在的东西进行观察。如在田野或植物园里观察植物的生长情况；在森林和动物园里观察动物的活动情况等。自然观察应注意选好观察点和观察对象，做好记录，并应进行多次原地或异地观察。

2）实验观察法。就是通过做实验的方式进行观察。如解剖观察或化学实验观察等。

3）长期观察法。就是在较长的时期内，对某种事物或现象进行系统观察。如气象观察、天文观察等。进行这类观察时要耐心细致，观察点一经确定，不能随意变更。

4）全面观察法。就是对某一事物的各个方面都进行观察，求得对该事物的全面了解。

5）定期观察法。就是在某一特定时间内对某事物或现象进行观察。

6）重点观察法。就是按照某种特殊目的和要求对事物的某一点或几个方面做重点观察。

7）直接观察法。这是一种观察者深入实际，亲自动手做实验取得第一手资料或直接经验的观察方法。

8）间接观察法。这是一种利用别人观察成果，得出深刻结论的观察方法。

9）对比观察法。把两个以上的事物有比较地对照进行观察。

10）解剖观察方法。把观察对象分解成两个以上的部分进行观察。

（3）观察力。观察力是指人在感知活动过程中通过眼、耳、鼻、舌等感觉器官准确、全面、深入地感知客观事物特征的能力。作为一种特殊形式的感知能力，观察力是人类认识能力的重要组成部分，人类对事物的认识程度、水平，与这种能力的强弱有很大关系，是能够迅速、准确地看出对象和现象的那些典型的但并不很显著的特征和重要细节的能力。观察力是个人通过长期观察活动所形成的。观察力是智力结构的第一要素，是智力发展的基础。观察力的高低，直接影响人感知的精确性，影响人的想象力和思维能力的发展。观察力是人智力发展的重要条件，要发展人的智力，就要重视培养人的观察力。

1）观察力的存在形式。观察力以感觉、知觉的形式存在。感觉是感觉器官对客观世界的一定刺激所感知的能力，是人脑对直接作用于感觉器官的客体的个别属性的反映。

2）观察力的素质要求。

①目标明确，观察有序。观察力具有明确的目标性，各种观察活动能遵循既定的

目标向前发展，从一而终。同时，明确观察目的及对象后，要合理安排观察顺序，把观察结果同研究的问题结合思考，考虑每个观察步骤是否达到目的，使整个观察过程有步骤、有理性。

②仔细认真，深入挖掘。观察仔细、认真是对观察者的基本要求，也是考察观察力高低的基本条件。面对同样的被观察对象，一个感受独特的人，往往能获得深刻的体验，能感受到别人感受不到的东西，能从日常生活和平凡的事物中领悟到新东西，在别人看似平常的地方创造不平常。

③剥离表象，把握本质。观察能力达到准确无误并透过现象看到本质的功夫，要不断训练，逐渐建立。

（4）设计师的观察。

1）设计师观察事物的三种方式（图6-1）。

①观察型：包括对事物平面视觉下的形状的判断、事物三维空间的形态的观察，以及形成事物客观形态的内部组成及结构的观察和判断。

②观察纹理：对事物表面的特征，以及形成事物的单个元素的表面特征的观察和判断。

③观察颜色：对事物的颜色及明度、纯度的观察和判断。

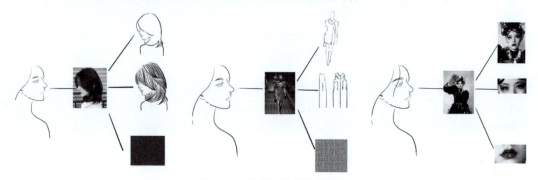

图6-1　形象设计师的观察

2）观察及观察力对设计师的影响。

①观察力的培养有利于设计师形成新的思维方法。艺术设计从客观物象的角度考察，属于不同类型空间的形态表达，从设计的角度出发选择适合的语言表达方式。由于绘画语言的条件与它最接近，所以在技术层面上最为广泛地被采用。因此，艺术设计主要采用视觉图形语言的形式进行思维——形象化的概念、判断、推理。在具体的设计活动中，因设计对象、设计理念、设计审美的差异，思维的方式又会千差万别。特别是基于对生活、对自然环境的积极观察的设计活动，更会体现出其独特的思维方式。

艺术设计创新思维是指设计师在艺术设计的创作过程中，通过对生活进行多角度、多层面的观察、分析和思考，把观察到的素材进行选择、提炼、加工，最终实现相对完整的艺术形象的思维过程。艺术设计领域的思索、研究，需要多角度、多侧面、放射性的思维方式和观察方式，特别在当今信息化社会，艺术设计将会对观察力提出更高的要求。

②观察力的培养有利于激发设计师的灵感，增强想象力。设计来源于生活，而生活中需要多观察，如一只小昆虫的样子、一棵黄豆芽的形状、一滴水珠等，都可以作为设计的素材进行发挥、再创造，而这需要观察力的培养（图6-2）。

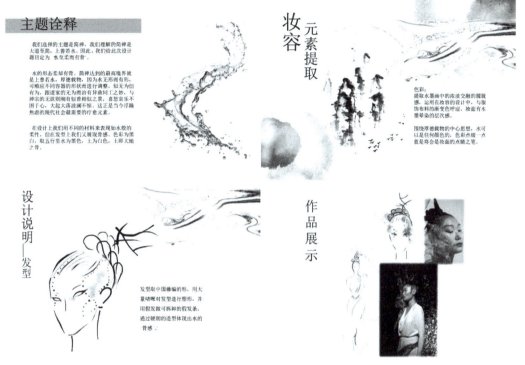

图6-2 "水至柔而有骨"设计灵感与创作

艺术的灵感与想象并非无本自生的虚无存在，它是在大量、繁重的生活观察、体悟基础之上的艺术联想、变形。作为人类行为的艺术设计更应该着眼于对身处时空的感知，从客观存在中寻求艺术的领悟与冲动，实现现实需要，符合现实的设计目标。

③观察对于设计师完成艺术设计的意义与作用。达尔文曾对自己做过如下评价，"我没有突出的理解力，也没有过人的机智，只是在觉察那些稍纵即逝的事物并对其进行精细观察的能力上，我可能在众人之上。"观察是人们认识世界、增长知识的主要手段，它在人的一切实践活动中具有重要作用。人们通过观察，获得大量的感性材料，获得对事物具体而鲜明的印象。

观察的过程是感官、大脑参与活动的过程，人们用视觉、触觉、嗅觉去感知自己身处的客观世界：花开花落，酸甜苦辣，人生百态……观察的行为可以轻易实现，而敏锐的观察力，却不是每个人都具备。观察力，有着更高的要求，不单纯指感觉的客观存在，更应该是人知觉到的一切，在观察的过程中有思考、有分析、有联想、有醒悟、有创新。针对艺术设计的观察力培养是对设计师设计行为成功的关键，需要全身心的参与，所以，学会怎样去"观察"成为设计师首先必修的课程。观察力是艺术设计从业者不可或缺的重要能力，观察力的培养应贯穿在设计师培养的过程中，并成为一种经常性、惯性的思维活动。

2. 如何观察人的外在形态

（1）人体的基本形态。

1）人体的分部及名称。从外表上看，人体分为头、颈、躯干、四肢四个部分。它们互相配合，协调运动，使人的一举一动都能够顺利进行。

头部的前面是面颅，上面有眼、耳、口、鼻等器官，后上方为脑颅，脑颅内是颅腔，里面装着大脑。颈部上连头部，下接躯干。

躯干的前面：上为胸部，下为腹部；后面分为背部和腰部。

四肢包括上肢和下肢各一对。上肢分为上臂、前臂和手三部分。手又分为手掌、手背和手指。下肢分为大腿、小腿和足三部分。足分为足心、足背和足趾。

上肢与躯干相连的部分上面叫作肩，下面叫作腋。上臂和前臂相连处前面叫肘窝，后面凸起处叫作肘。前臂和手相连的部分叫作腕；下肢与躯干相连部分的前面的凹沟叫作腹股沟。躯干背侧腰部下方、大腿上方的隆起部分叫作臀。大腿和小腿相接连的部分前面叫作膝，后面叫作腘。小腿和足相连的部分叫作踝。

2）人体的基本结构。人体从外到内分别是皮肤、肌肉、骨骼和各种脏器；身体各部分还分布着血管、神经、血液、淋巴等组织。

人体内从上到下，有三个大的空腔——颅腔、胸腔和腹腔，腔内装着许多重要的器官。颅腔里有脑；胸腔和腹腔由横膈膜分开，胸腔里面有心、肺等器官。腹腔内有胃、肝、肠、脾、胰、胆、肾等脏器，腹腔的最下部（即骨盆内的部分）又叫作盆腔，盆腔内有膀胱和直肠，女性还有卵巢、子宫等器官。人体内的各个器官都具有人体生命活动所必需的重要生理功能，并且任何两个长相不同的人体内各种器官的位置和多少都是一样的。

人体是个复杂的统一的有机体，构成人体的基本单位是细胞。人体的发育是从一个细胞——受精卵开始的。受精卵经过分裂形成胚胎。随着胚胎的发育，细胞在功能上有了分工，形态上也有了差别，因而就出现了各种不同的细胞群。这些不同的细胞群和细胞间质共同构成组织。人体有4种基本组织，几种不同的组织组合成具有一定形态和功能的结构，称为器官。若干器官组合起来共同完成某种生理功能，称为系统。人体有八大系统。

（2）人体组成。

人体组成详见右侧二维码内容。

人体组成

（3）人体体型及分类。人体占据人的外在形象面积最大的部分，作为人物形象设计师，应能准确理性地判断和表述人体的体型，并具备相应的服饰搭配技术以美化改善人体外形。

人体体型是指由于骨骼起伏、脂肪不均所引起的人体的外型轮廓凹凸，反映的是人体外型的特征和类型。研究表明，年龄、性别、地区、婚育状况及生活方式等都会影响人体的体型特征。人体表面为一个非常复杂的曲面，不同人的形体也不尽相同。体型研究发展至今，体型分类主要有定性描述和定量描述两种描述方法。

1）体型分类指标的定性描述。在 17 世纪，人体测量学结合形态学被应用于体型研究。帕多尔大学的 Elsholtz 记录了人体测量方法，他是 200 年后 Quelet 之前人类测量统计研究的先驱。

1930 年，美国心理学家 William Sheldon 提出了体型分类这一概念，用来分析性格心理。按照人体结构的 3 种极端类型，采用三角体型图法将人体体型划分为 3 种，即内胚层体型（圆胖型）、中胚层体型（肌肉型）和外胚层体型（瘦长型）。

Sheldon 的体型分类：

①内胚层体型，呈球状，头部浑圆，大腹便便，四肢状似企鹅，上臂、大腿肥硕而腕踝纤细。

②中胚层体型，头部较大，呈立方体；肩宽胸厚，四肢肌肉健壮。

③外胚层体型，脸颊瘦削，下颌短小，额头高耸，胸腹瘦狭，四肢细长。

2）基于外观的体型分类。人体体型定性描述是指观察人体的整体形态或局部特征，整合其特征，对形体特征进行科学的分析与判断，并用语言、数字及字母等对其进行描述。

目前常用的定性描述有以下几种。根据胖瘦程度描述的有肥胖型、正常型和偏瘦型。根据形状名称描述的有三角形、长方形、直筒形、圆形、椭圆形、漏斗形、菱形、倒三角形及圆锥形等；根据水果或蔬菜名称描述的有苹果型、香蕉型和梨型等；还有根据字母或数字描述的。

体型分类如图 6-3 所示从左至右分别为：

①三角形（A 型）：体型窄肩，骨盆宽；身体特征的沉重感集中在腿部和臀部；脂肪沉积在腰部以下；低代谢率。

②长方形（H 型）：骨架宽或中等；乳房小；肩、腰和骨盆的宽度给人以相同的视觉印象；脂肪沉积倾向于腹部和大腿；代谢速率中等。

③直筒型（I 型）：骨架瘦弱；整体消瘦；肌肉无力；几乎不含脂肪；高代谢率。

④圆形（O 型）：顶部和底部狭窄；质量累积在胸部和腹部，腿部瘦；低代谢率。

⑤沙漏形（X 型）：骨架均衡；肩的宽度约等于臀部的宽度；细腰；乳房丰满；脂肪堆积形成在臀部和大腿；代谢率平均。

⑥倒三角形（V 型）：为阳刚型体型，肩宽，腰和臀部较窄，缺乏柔感。

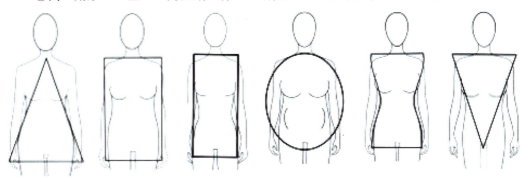

图 6-3　体型分类图示

3）基于服装型号的国内外人体体型分类。当今国内外人体体型划分标准是基于服装号型标准，因此其划分方法与号型覆盖率及号型标准使用的方便程度密切相关。以下为不同国家女子的体型：

中国：胸腰差，C（4～8）/B（9～13）/A（14～18）/Y（19～24）。

ISO：臀胸差，A（＞9）/M（4～8）/H（＜3）。

日本：臀围与A体型，Y（＜4）/A（0）/AB（4～8）/B（＞8）的臀围差。

德国：臀围与标准体型的臀围差，宽阔（＞6）/标准（0）/纤细（＜6）。

美国：身体单一指标，少女/瘦型少女/瘦型小姐/小姐/妇人。

中国和ISO标准是以围度差进行体型分类的。人体的各个围度并非同步变化，围度差可以凸显不同的体型。这种分类方式简单易行，然而只根据围度差来确定女子体型也不尽合理，还应综合考虑身高等其他因素的影响。这种分类方法虽然覆盖率大，实用性和可行性高，但在实际生产中存在不合理之处，工厂会根据实际情况进行生产，部分号型并不生产。

日本和德国的女子体型分类方法较为类似，都是以实际臀围与标准臀围的差值进行体型分类的。根据不同体型围度差有重叠部分进行分类的，都是将臀围尺寸和标准臀围进行对比。日本的体型划分方法是依据身高、胸围和臀围的最高出现频率，将最广泛体定义为A体型，在一定的身高和胸围范围内，比较臀围和A体型臀围，对人体进行划分。德国则将身高分成3档，然后将每档身高和所有胸围尺寸相配，即每档身高都有12个号型，再定出标准臀围，根据臀围与标准臀围的差定义其体型，分别为宽阔型、标准型和纤细型。

美国ASTM标准划分女子体型时首先是基于年龄，将女子分为成人小姐体型和55岁及以上女子体型两大类，其次再根据其他单一指标，如身高、体质量及胸围等细分为少女尺码表、瘦型少女尺码表、瘦型小姐尺码表、小姐尺码表和妇人尺码表。这种方法划分得较细，同种体型内，如美国少女尺码表，相邻的8号和10号尺码其胸围只相差1 in（2.54 cm）其余尺寸也差异很小，且相邻身高的尺寸相差也很小。因此，其实用性和可操作性很强，适合企业的实际生产。

（4）判断体型的方法。

方法一：

1）保证视野区域能够观察身体的整个外部轮廓；

2）确定出身体最宽、最高的区域形成的外轮廓形状；

3）使用"外观体型分类"法进行判断。

方法二：根据服装号型标准进行分类。

3. 人体美学

人体美是指人体作为审美对象所具有的美。狭义的人体美多侧重于人的自然属性，主要是指人的形体、容貌，注重的是人的形态学特征。人物形象设计师需要依据被设计对象的人体外在形态基础，运用艺术设计的原理和形象设计的技术手段来美化人的外在形象。因此，理解和掌握人体美学的基础知识对形象设计师来说非常重要。

在人类研究人体美的历史中，从研究数的哲学思想和数学思维中，衍生出了古典希腊艺术的至高美学原则：和谐、对称、正典、韵律，从而诞生了古希腊不同时期的著名人体雕塑作品。

（1）和谐与对称。公元前6世纪艺术家的一尊年轻女子雕像"宙斯与迪米特之女科拉"雕塑人物的笑靥、目光、步态、发辫、服饰之美被毕达哥拉斯主义者解说为：其美源于体液平衡、体液平衡产生悦目的面容，以及四肢关系之安排正确"和谐"（图6-4）。这位艺术家将自己对美的理解通过雕塑形象固定于一个形式，而好的形式是正确的比例与对称。因此，在雕塑中人物的双眼对称，均等配置卷发、胸部、双臂、双腿比例，同时衣服褶纹均等且对称，嘴角亦复对称，所有细节的处理完全体现了"和谐与对称"。

（2）正典。公元前4世纪的雕塑作品中，在和谐对称基础上，出现了为了打破对称的僵硬的正典（the Canon），即身体的所有部分必须依照几何比例，彼此照应，如图6-5所示。

图6-4 "宙斯与迪米特之女科拉"雕图

公元前6世纪，雅典，希腊国立考古博物馆

图6-5 "波里克里特斯"绑带子的人

公元前430年，雅典，希腊国立考古博物馆

（3）韵律。柏拉图《辩士篇》（Sophist）对话录中指出，雕塑家并非完全以数学方式计算比例，而是随视觉需要，随观看者的立足点而调整。维特鲁威区分比例与韵律（Eurhythemy），比例是在技术上应用对称原理，如图6-6所示维特鲁威的人形，以分数写出了人体美正确的身体比例：脸是身长的1/10，头是身长的1/8，躯干占1/4等。韵律是随视觉条件而调整比例，在人的外形塑造上，韵律即是考虑人的动态及场景的变换过程中呈现的视觉形式美感。

（4）维拉·德·奥内库尔（Villard de Honnecourt）与达·芬奇对人体

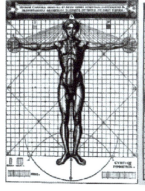

图6-6 塞沙里亚诺，维特鲁威的人形

《维特鲁威建筑学》1521，米兰国立布雷登斯图书馆

的研究中，体现了人文主义与文艺复兴成熟的数学思考对艺术的影响，如图 6-7～图 6-9
所示。

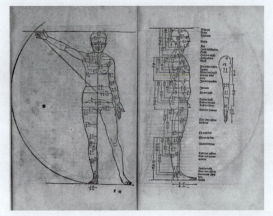

图 6-7　丢勒"人体测图"，《人体比例四书》1528

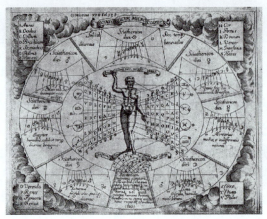

图 6-8　人的体液与基质和黄道十二宫的关系
11 世纪，西班牙，欧斯玛的布尔戈

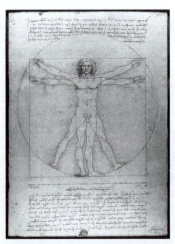

图 6-9　达·芬奇，维特鲁威的人形
约 1490，威尼斯，艺术学院美术馆

4．人体的其他特征

（1）人体头身比例。历史上众多的艺术家通过对人体的绘画、雕刻，以及从解剖学中获取的大量数据，发现了关于人的身体和头部之间的理想比例的黄金法则。目前，大多数艺术家使用人体头身标准比例为：女性的头长是身高的1/7，男性的头长是身高的1/8。对于人体外形设计方面来说，头部占身体比例太大或太小都将对人体外形的美观度产生负面的影响。作为形象设计师应该善用这些标准，将其融入设计中（图6-10）。

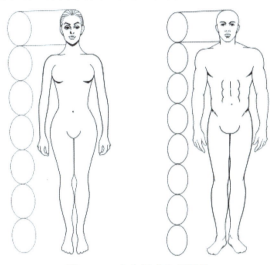

人体比例与黄金分割

图6-10　人体标准比例图示

（2）身体局部形态特征。

1）颈部特征（图6-11）。颈部位于连接头部和身体的位置，通常来讲它与整体的体型特征相对应。但是，当设计师在做身体的局部设计时，颈部特征需要单独进行考虑。从下颚至锁骨的距离为颈部长度标准长度，应是自身头部长度的一半即0.5个头。短于这个距离则被判断为短颈，长于这个距离则被判断为长颈。

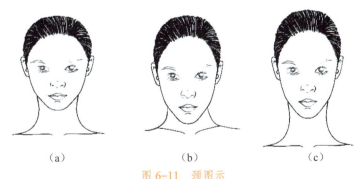

　　（a）　　　　　　　（b）　　　　　　　（c）

图6-11　颈图示
（a）正常体；（b）短颈；（c）长颈

人体颈部特征，在美化人体外形过程中对设计师设计和选择发型、服装领型都起到决定性影响。

2）肩部特征。在《服装用人体测量的部位与方法》中，肩宽（shoulder width）定义为被测者手臂自然下垂，测量左右肩峰点之间的水平弧长。人体美学比例中常用的肩宽比例判断标准为：男性肩宽为头长的 2.5 倍，女性肩宽为头长的 2 倍。宽于或窄于这个标准称为宽肩和窄肩。

人体的肩部造型可分为正常体、平肩、坍肩、冲肩和高低肩（图 6-12），根据肩的宽度可分为宽肩、窄肩、正常肩宽。

人体头、颈、肩的比例是否标准，对于人体上半身的整体比例协调和外形修饰起到非常重要的作用。

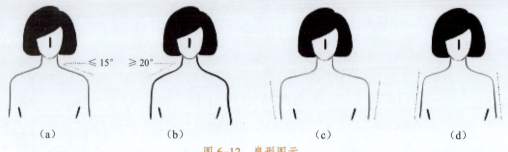

图 6-12 肩形图示

（a）正常体；（b）坍肩；（c）平肩；（d）冲肩

3）头部形态特征。

①常见的面型。日常生活中最常见的面型有 7 种，如图 6-13、表 6-1 所示。

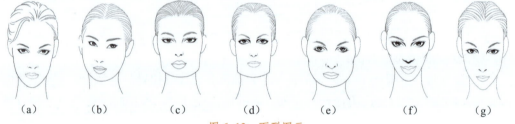

图 6-13 面型图示

（a）椭圆形；（b）圆形；（c）方形；（d）长方形；（e）三角形；（f）菱形；（g）心形

表 6-1 面型特征

面型	特征
椭圆形	通常被称为标准脸型，面部比例比较协调，面型缺乏特点
圆形	圆形脸型的形状看起来短而宽，通常有一条低而圆的发际线，短下巴和一条圆下颌线，有减龄感但通常缺乏立体感
方形	方形脸型形状短、宽，有棱角、直线。前发际线和下颚线几乎是水平的，颧骨在两侧几乎没有凸出，棱角分明有严肃感，缺乏生动性
长方形	长方形脸型是长、窄和有角度的。下颌线很宽，几乎是水平的。颧骨几乎不凸出，有时会导致面部侧面线条太平，棱角分明有严肃感，缺乏生动性
三角形	三角形脸型通常较长，前额较窄，下巴较宽，下颌线明显。细长的侧面区域会使脸颊和下巴变细，面型敦实，缺乏精致感
菱形	菱形脸型显得细长而棱角分明。最宽的区域是颧骨，而前额和下巴则较窄。侧面窄，下巴凸出，面部立体感强，比较有特色，缺乏温柔感
心形	心形脸型长而棱角分明。前额较宽，而下巴区域拉长且尖。下颚线窄有延伸感，下巴尖而突出，面部缺乏圆润感

②头部侧面特征。头部侧面轮廓形是由人的头部前额、鼻子、下巴的侧面轮廓组成。在日常社交中，我们被他人看见的形象并不是正面的轮廓形态，而是侧面的轮廓形态，因此，头部侧面轮廓特征在人物形象设计过程中是我们必须要考虑的因素（图6-14）。

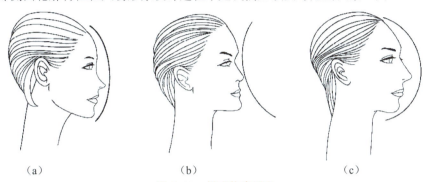

（a）　　　　　　　　　　（b）　　　　　　　　　　（c）

图6-14　侧面轮廓图示

（a）直线型侧面轮廓；（b）凹线型侧面轮廓；（c）凸线型侧面轮廓

直线型侧面轮廓被认为是标准的，有平衡感的侧面形态；凸线型和凹线型侧面轮廓被认为是较缺乏平衡感的侧面形态，我们可以通过发型来进行修饰。

③头部其他特征。

发际线形态：发际线作为面部纵向平衡的关键调节因素，在人体面部形象塑造过程中起着非常重要的作用，常见的发际线形态有：过低发际线和过高发际线两种，高或低的判断与面部纵向平衡有关。过高的发际线形态会增加年龄感和面部纵向比例失衡的问题，过低的发际线形态会使增加面部局促感，可以通过发型来进行修饰（图6-15）。

图6-15　前发际线图示

耳部形态：耳朵是面部重要的器官，具有重要的生理功能，同时也在面部形态美化中具有比较重要的作用。通常可以通过对耳部装饰来强调面部的侧面轮廓的精致感。正常成人耳廓上端与颅侧壁距离不超过2 cm，耳郭整体与颅侧间夹角为30°。

先天外耳横突廓畸形也称"招风耳"，耳郭上端与颅侧壁距离大于2 cm，夹角约成90°。

耳郭上半部扁平，舟甲角大于150°或完全消失，则需要设计师应用发型设计进行修饰（图6-16）。

图6-16　耳部形态与发型修饰

4）其他人体局部比例特征。

①三围比例。

②腿身比例。

③大小腿长比例。

④身高腿围比例。

⑤肩臀宽比例。

6.1.1.5 素质素养养成

（1）在对被设计对象的观察中，要养成设计师的观察能力，以人为本的理念，学会尊重他人。

（2）在对被设计对象外在特征的表述中，要遵守实事求是的原则，理论和实际相结合。

（3）在记录和表达被设计对象信息时，养成用设计师的思维方式、逻辑和专业语言进行描述。

（4）在通过观察和交流的方式收集被设计对象信息过程中，养成专业而有效的沟通交流能力。

（5）在完成任务过程中，养成有目的地收集信息和有效信息提取整理的能力。

6.1.1.6 任务实施

6.1.1.6.1 任务分配

表 6-2 学生任务分配表

班长		组号		指导教师	
组长		学号			
组员	姓名	学号	姓名	学号	

6.1.1.6.2 自主探究

组号：_____　姓名：_____　学号：_____　检索号：_____

引导问题：针对被设计对象，收集被设计对象的相关信息，对收集的信息用规范和专业的语言进行表述并填表。

观察要素	语言表述		
	融入设计以人为本和实事求是的理念和原则		
	设计对象 1	设计对象 2	设计对象 3
体型			
脸型			
颈型			
肩形			
头身比例			
头面部特征			
四肢及其他身体比例			

任务工作单 6-2　自主探学 2

组号：_____　姓名：_____　学号：_____　检索号：_____

引导问题：以设计师的观察水平和思维方法为逻辑，列出对被设计对象进行观察的方法。

序号	观察 / 信息搜集要素	观察方法
1	体型	
2	脸型	
3	颈型	
4	肩形	
5	头身比例	
6	头面部特征	
7	四肢及其他身体比例	

6.1.1.6.3　合作研学

任务工作单 6-3　合作研学

组号：_____　姓名：_____　学号：_____　检索号：_____

引导问题 1：小组讨论、教师参与，形成小组正确的方法理念

序号	观察 / 信息搜集要素	描述方法
1	体型	
2	脸型	
3	颈型	
4	肩形	
5	头身比例	
6	头面部特征	
7	四肢及其他身体比例	

引导问题 2：记录自己的不足。

6.1.1.6.4 展示赏学

组号：_____　姓名：_____　学号：_____　检索号：_____

引导问题：每个小组代表展示，形成优化的方法。

序号	观察/信息搜集要素	观察方法和要点	描述方法和术语
1	体型		
2	脸型		
3	颈型		
4	肩形		
5	头身比例		
6	头面部特征		
7	四肢及其他身体比例		

6.1.1.6.5 方法应用

任务工作单 6-5　方法应用

组号：_____　姓名：_____　学号：_____　检索号：_____

引导问题：用文字和图片结合的方式，用 PPT 或 Word 文档形式，用规范和专业的语言，完成被设计对象的基本情况描述。

6.1.1.7 评价反馈

任务工作单 6-6 自我评价表

组号：_____ 姓名：_____ 学号：_____ 检索号：_____

班级		组名		日期	年 月 日
评价指标	评价内容			分数	分数评定
信息检索	能有效利用网络、图书资源查找有用的相关信息等；能将查到的信息有效地传递到学习中			10分	
感知课堂生活	理解行业特点，认同工作价值；在学习中能获得满足感			10分	
参与态度	积极主动与教师、同学交流，相互尊重、理解，平等相待；与教师、同学之间能够保持多向、丰富、适宜的信息交流			10分	
	能运用规范的语言，做到有效学习；能提出有意义的问题或发表个人见解			10分	
知识获得	能应用设计师的观察和思考方法对被设计对象进行有效的观察			10分	
	能针对被设计对象，搜集被设计对象的相关信息			10分	
	能运用设计语言正确描述被设计对象的外在特征			10分	
	能运用 Office 软件，以专业语言文字和图片结合的形式，完成对设计对象的外形特征进行表述和分析的 PPT 或 Word 文档			10分	
思维态度	能发现问题、提出问题、分析问题、解决问题，有创新意识			10分	
自评反馈	按时按质完成任务；较好地掌握知识点；具有较强的信息分析能力和理解能力；具有较为全面严谨的思维能力并能条理清楚地表达成文			10分	
自评分数					
有益的经验和做法					
总结反馈建议					

任务工作单 6-7 小组内互评验收表

组号: _____ 姓名: _____ 学号: _____ 检索号: _____

验收组长		组名		日期	年 月 日
组内验收成员					
任务要求		掌握人的外在特征描述关键知识；掌握对人体外在特征表述的专业语言；能应用设计师的观察和思考方法对被设计对象进行有效的观察；能应用专业语言文字和图片结合的形式对人的外形特征进行准确表述			
验收文档清单	被验收者任务工作单 6-1				
	被验收者任务工作单 6-2				
	被验收者任务工作单 6-3				
	被验收者任务工作单 6-4				
	被验收者任务工作单 6-5				
	文献检索清单				

	评分标准	分数	得分
验收评分	能对人体外在特征进行专业的表述，错一处扣 5 分	20 分	
	能应用设计师的观察和思考方法对被设计对象进行有效的观察，错一处扣 5 分	20 分	
	能运用人的外在特征描述关键知识，错一处扣 2 分	20 分	
	应用专业语言文字和图片结合的形式对人的外形特征进行准确表述，错一处扣 2 分	20 分	
	提供文献检索清单，少于 5 项，缺一项扣 4 分	20 分	
评价分数			
不足之处			

任务工作单 6-8　小组间互评表

（听取各小组长汇报，同学打分）

被评组号：_____　检索号：_____

班级		评价小组		日期	年　月　日
评价指标	评价内容			分数	分数评定
汇报表述	表述准确			15 分	
	语言流畅			10 分	
	准确反映该组完成情况			15 分	
内容正确度	内容正确			30 分	
	句型表达到位			30 分	
互评分数					
简要评述					

任务工作单 6-9   任务完成情况评价表

组号：_____   姓名：_____   学号：_____   检索号：_____

任务名称	被设计对象特征描述			总得分		
评价依据	学生完成的全部任务工作单					
序号	任务内容及要求		配分	评分标准	教师评价	
					结论	得分
1	能对人体外在特征进行专业的表述	描述正确	10分	缺一个要点扣1分		
		语言表达流畅	10分	酌情赋分		
2	能应用设计师的观察和思考方法对被设计对象进行有效的观察	描述正确	10分	缺一个要点扣1分		
		语言流畅	10分	酌情赋分		
3	能运用人的外在特征描述关键知识	描述正确	10分	缺一个要点扣2分		
		语言流畅	10分	酌情赋分		
4	应用专业语言文字和图片结合的形式对人的外形特征进行准确表述	描述正确	10分	缺一个要点扣2分		
		语言流畅	10分	酌情赋分		
5	提供文献检索清单	数量	5分	每少一个扣2分		
		参考的主要内容要点	5分	酌情赋分		
6	素质素养评价	沟通交流能力	10分	酌情赋分，但违反课堂纪律，不听从组长、教师安排，不得分		
		团队合作				
		课堂纪律				
		合作探学				
		自主研学				
		观察分析能力，突出以人为本的理念				
		遵循实事求是的原则，理论联系实际				
		严谨的逻辑思维能力、语言表达能力				
		有效沟通和交流的能力				
		信息搜集及有效信息提取的能力				

任务 6.1.2 被设计对象外在形象调整方案编写

6.1.2.1 任务描述

根据自己对被设计对象外在形象的观察与判断结果，结合对人物形象设计化妆、发型、服饰搭配技术的认知，编写被设计对象外在形象调整方案。

6.1.2.2 学习目标

1. 知识目标：掌握服装与服饰搭配适应性知识；掌握化妆造型适应性知识；掌握发型设计适应性知识

2. 能力目标：能应用服装与服饰搭配适应性知识完成被设计对象外在形象调整方案；能应用化妆造型适应性知识完成被设计对象外在形象调整方案；能应用发型设计适应性知识完成被设计对象外在形象调整方案。

3. 素养目标：培养观察分析能力，突出以人为本的理念；培养遵循实事求是的原则，理论联系实际；培养严谨的逻辑思维能力、语言表达能力。

6.1.2.3 重点难点

1. 重点：服装与服饰搭配、化妆造型、发型设计适应性认知与原理。

2. 难点：服装与服饰搭配、化妆造型、发型设计适应性原理与人体美学应用。

6.1.2.4 相关知识链接

1. 人物形象设计中服装与服饰的适应性

形象设计中的服饰设计是指穿着与搭配的动态服饰效果，是对服饰的再设计，它体现了形象设计师结合设计对象出现场合、气质、个性、文化修养、艺术品位等特征对服饰的理解与感受的适应性，具有生命力和人本意识，其表现力和目的性比一般服装设计更强。

作为覆盖人体外部占据最大面积的服装，在满足人的基本生存和生活功能外，需要达到人体结构与服装结构的高度统一，带给人一种舒适、得体的穿着体验。因此，在人物形象设计中，需以人体形态特征为基本设计依据，优化服饰搭配设计，确保服饰搭配与人体结构相符合，促进服装使用价值的充分发挥，并从视觉上形成一种美感。

（1）服装外轮廓形。服装款式的外轮廓形多种多样、形态各异，不同的服装外形有着不同的视觉语言，表达着服装的不同性格，对人物形象设计师来讲，不同服装的外轮廓形适应不同的人体体型。我们通常用字母来区分不同的外形，主要包括 A 型、H 型、X 型、Y 型、O 型五种基本外轮廓形。

A 型外轮廓形服装的特点是上窄下宽，如图 6-17 所示。

图 6-17　服装轮廓形 A 型

H 型外轮廓形服装的特点是上下等宽，如图 6-18 所示。

图 6-18　服装轮廓形 H 型

X 形外轮廓形服装的特点是上下宽大，中间收腰，如图 6-19 所示。

图 6-19　服装轮廓形 X 型

Y型外轮廓形服装的特点是上宽下窄，如图6-20所示。

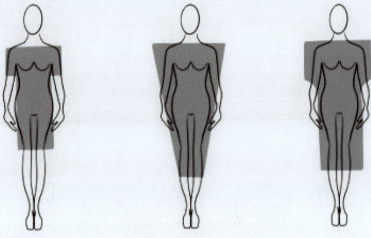

图6-20　服装轮廓形Y型

O型外轮廓形服装的特点是整体宽大，如图6-21所示。

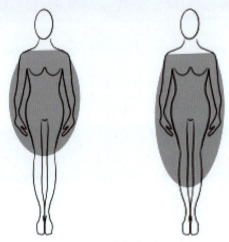

图6-21　服装轮廓形O型

服装外轮廓型与体型的适应性关系见表6-3。

表6-3　服装外轮廓型与体型的适应性关系

体型分类	体型图例	服装款型分类		
三角形 （A型）				

体型分类	体型图例	服装款型分类
长方形 （H型）		
圆形 （O型）		
沙漏形 （X型）		
倒三角形 （V型）		

（2）服装款式——领型。领型的选择要适合颈部的结构及颈部的活动规律，满足服装的适体性，要考虑适体性的功能，还要考虑防寒、防风、防暑等护体性实用功能，如秋、冬季以防寒为主要目的，则领式宜选择高领，夏季为使人穿着透风凉爽宜选用无领。领型首先要符合人体穿着的需要，既要满足生理上实用功能的需要，又要满足心理上审美功能的需要。

1）基于功能、结构和人体适应性的需要，服装的领型按造型分类如图 6-22 所示。

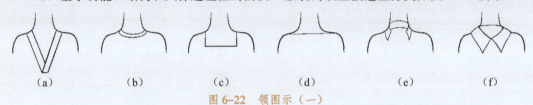

图 6-22　领图示（一）

（a）V 领；（b）圆领；（c）方领；（d）一字领；（e）立领；（f）翻领

2）按高度区别分类，如图 6-23 所示。

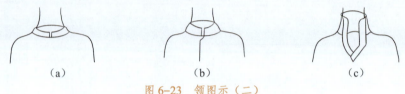

图 6-23　领图示（二）

（a）低领；（b）中高领；（c）高领

3）领型与颈部特征的适应性关系见表 6-4。

表 6-4　领型与颈部特征的适应性关系

颈型特征	领型	领高
正常体		
短颈		

颈型特征	领型	领高
长颈		

（3）服装的款式——袖型。袖型的选择要适合人体肩和手臂的结构及活动规律，满足服装的适体性，不仅要考虑适体性的功能，还要考虑防寒、防风、防暑等护体性实用功能。袖型首先要符合人体穿着的需要，既要满足生理上实用功能的需要，又要满足心理上审美功能的需要。

1）按袖子的造型划分可以分为八大类（图 6-24）：

①紧口袖，也称衬衫袖，上下等宽。

②铃型袖，也称为喇叭袖，上小下大。

③灯笼袖，袖山和袖口两端收束，中间蓬松。

④泡泡袖，袖山蓬松隆起，下端袖口一般不收。

⑤西装袖，分大小两片式袖子进行裁剪。

⑥中装袖，也称插肩袖，袖子和大身相连，大身无肩斜。

⑦连袖式，大身有肩斜袖中线和小肩斜线相连。

⑧无袖，将大身袖窿口作为出手口，或者是略放长小肩和前胸宽。

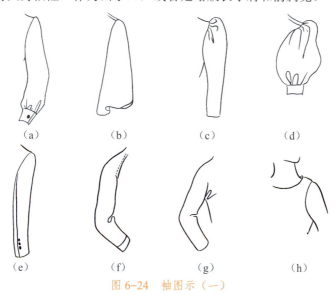

（a）　　　（b）　　　（c）　　　（d）

（e）　　　（f）　　　（g）　　　（h）

图 6-24　袖图示（一）

（a）紧口袖；（b）铃型袖；（c）灯笼袖；（d）泡泡袖；
（e）西装袖；（f）中装袖；（g）连袖式；（h）无袖

2）按袖子长度分为四大类（图6-25）：

①短袖，在肩和肘的二分之一位置。

②半袖，也称五分袖，从肩到肘的部分左右。

③七分袖，袖长位于肘到手腕的二分之一左右。

④长袖，袖长从肩到手腕。

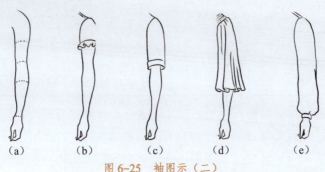

图6-25　袖图示（二）

（a）袖长分割线；（b）短袖；（c）半袖；（d）七分袖；（e）长袖

3）袖型与人体关系。正常体和正常肩宽各类袖子造型都合适；平肩型适合穿连袖式和中式秀袖造型。此外，不宜设计灯笼袖或泡泡袖的造型；坍肩适宜灯笼袖或泡泡袖，若考究一点最好装上垫肩；冲肩不适宜穿包修和铃型袖，适宜穿宽大的连袖式或蝙蝠袖；高低肩可以通过加垫肩使左右肩平衡，不适宜设计连袖或中袖。

（4）服装色彩搭配。人物形象设计中常用的服装色彩搭配法有四类：

1）同类色搭配。同类色搭配是一种最简便、最基本的配色方法。同类色是指一系列的色彩相同或相近，由明度变化而产生的浓淡深浅不同的色调。同类色搭配可以获得端庄、沉静、稳重的效果，适用于气质优雅的成熟女性（图6-26）。

2）相似色搭配。所谓相似色系指色环大约在90°以内的邻近色，如红与橙黄、橙红与黄绿、黄绿与绿、绿与青紫等都是相似色（图6-27）。相似色服装搭配变化较多，但仍能获得协统一的效果。

图6-26　同类图示

图6-27　相似色搭配

3）强烈色搭配。强烈色搭配是指色相环中颜色相隔大于90°小于180°范围的颜色相配，如米黄色与紫色；红色与青绿色（图6-28）。这种配色给人的感觉比较强烈，会让人有惊艳的感觉。

4）互补色搭配。互补色搭配是指色相环中两个相对的颜色的搭配。例如：红色与绿色；青色与橙色；黑色与白色（图6-29）。补色相配能形成鲜明的对比，有让人耳目一新的感觉。

图6-28　强烈色搭配　　　　　　　　　　图6-29　互补色搭配

　　服装色彩是服装感观的第一印象，它有极强的吸引力，若想让其在着装上得到淋漓尽致的发挥，必须充分了解色彩的特性。浅色调和艳丽的色彩有前进感和扩张感，深色调和灰暗的色彩有后退感和收缩感。恰到好处地运用色彩的两种观感，不但可以修正、掩饰身材的不足，而且能强调突出优点。

　　（5）服饰品搭配。形象设计中的饰品泛指从头到脚穿着佩戴的所有物品。它同样也是形象设计中非常重要的构成要素。恰当的配件饰品装饰不仅能够提升整体形象造型的品质，而且常常还能起到画龙点睛的效果，是构成人物形象整体美感的重要保证。

　　1）服饰品分类。

　　①首饰。

　　头饰：发夹、发箍、花饰。

　　胸饰：胸花、项链、别针。

　　臂饰：戒指、手链（镯）、脚链（环）。

　　②衣饰：围巾、领带、头巾、帽子、手套、腰带、袜子、鞋子等。

　　③携带物：眼镜、伞、手杖、包、手机饰品等。

　　2）服饰品搭配方法。

　　①统一法。与穿着的场合气氛相统一，讲究着装风格的统一（图6-30）。

图6-30　服饰搭配统一法

②节奏法。节奏法是指同一造型要素之间有规律变化的造型关系。只有统一而无变化，会感觉平淡乏味，变化过多也会使人感到烦躁（图6-31）。

图 6-31　服饰搭配节奏法

③对比法。对比能给人感官以刺激感，具有鲜明、明快的特点。常见的对比主要有色彩的对比、材质的对比和体积的对比（图6-32、图6-33）。

图 6-32　服饰搭配对比法（一）

图 6-33　服饰搭配对比法（二）

④点缀法。即在主色调的基础上加一些醒目的小色块作点缀，增加层次、活跃气氛，起到画龙点睛的作用（图6-34）。

图 6-34　服饰搭配点缀法

⑤呼应法。即同种元素或类似元素间彼此照应、相互呼应取得统一感的一种方法。可达到一种相互呼应的统一感（图 6-35）。

图 6-35　服饰搭配呼应法

⑥衔接法。即让对比色的服装通过一种中性色（白色、黑色或金色、银色）的配件搭配，使人产生色彩连接的感觉，避免配色上的生硬感（图 6-36）。

图 6-36　服饰搭配衔接法

⑦加强法。针对服装的造型、色彩或服饰风格，选择典型的饰物，使服装本身的效

果得以加强。例如，表现未来主义风格，可选择带有锐利尖角的头饰或胸饰，如图6-37和图6-38所示。

图6-37 服饰搭配加强法（一）

图6-38 服饰搭配加强法（二）

⑧主导法。有意识地将某一配饰作夸张处理，使其成为引人注目的焦点，而其他部分则作从属设计处理，饰物有充分展示的余地（图6-39）。例如，在婚纱设计中常以头纱做主导装饰，其他部分则做简约映衬头纱的设计（图6-40）。

图6-39 服饰搭配主导法（一）

图 6-40　服饰搭配主导法（二）

⑨从属法。以服装为主导，饰物的配置仅做从属设计装饰（图 6-41）。

图 6-41　服饰搭配从属法

2. 人物形象设计中化妆的适应性

化妆作为修饰和改善人体面部美感的手段，在人物整体形象设计中有着重要的作用。同时，无论在日常生活领域还是电影、电视、舞台美术等艺术领域，化妆对个人的外形美化、性格展现、风格塑造都具有较强的表现力。

化妆设计的元素包括形态、比例、颜色三部分。

（1）化妆设计中的形态。化妆设计中的形态包括脸型、眉形、眼型、唇形。

1）脸型。在化妆设计中通常把椭圆形脸型称为标准脸型，其他面型将使用不同性质的化妆品，应用视错觉的原理进行面型的矫正，让它们无限接近标准面型，以达到美化面部的目的。

2）眉形。常用的眉形有 8 种，如图 6-42 所示。

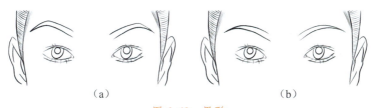

（a）　　　　　　　　　　　　　　（b）

图 6-42　眉形

（a）棱角眉；（b）柳叶眉

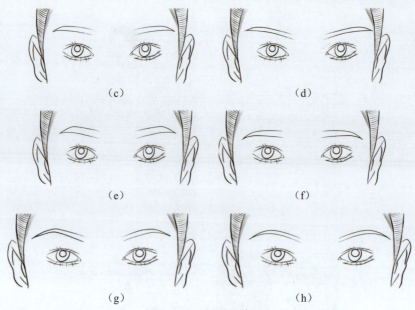

图 6-42　眉形（续）

（c）平眉；（d）直眉；（e）粗眉；（f）倒挂眉；（g）挑眉；（h）弯眉

3）眼型。常见的眼型有 6 种，如图 6-43 所示。

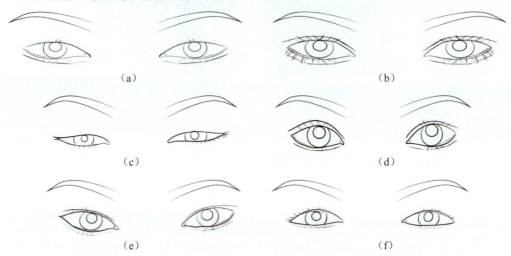

图 6-43　眼型

（a）单眼皮；（b）双眼皮；（c）长眼；（d）圆眼；（e）吊眼；（f）垂眼

4）唇形。常用的唇形有 6 种，如图 6-44 所示。

图 6-44　唇形

（a）纯情浪漫的唇；（b）干练职业化的唇

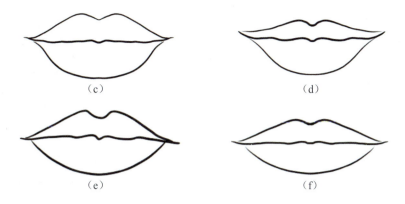

图 6-44　唇形（续）

（c）活泼可爱的唇；（d）庄重典雅的唇；（e）妩媚动人的唇；（f）唇尖突出的唇

（2）化妆设计中的比例。化妆设计中的比例包括面部横向宽度与纵向长度的标准比例，即我们常说的"三庭五眼"；鼻子与面部五官的标准比例。通常情况下，标准的比例是通过化妆的手段美化人的面部的指引，但当有特殊化妆造型、人物塑造和艺术创作需要时，此标准不被作为唯一和必须满足的条件。

1）面部横向宽度与纵向长度的标准比例，如图 6-45 所示。

2）鼻子与面部五官的标准比例，如图 6-46 所示。

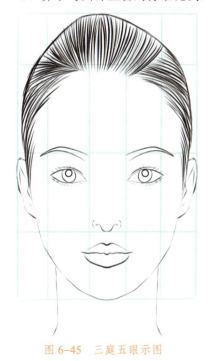

图 6-45　三庭五眼示图　　　　图 6-46　鼻子与面部五官的比例示图

（3）化妆设计的颜色。化妆设计的颜色是指化妆时设计师根据整体形象设计目标，选择和使用的化妆品的配色。化妆设计的颜色受人体色、环境色、服装与服饰配色、潮流趋势及化妆品在人体的显色度等因素的影响，通常情况下化妆设计的颜色与人体色色调相一致时，能够突出呈现个人的自然气质和美丽（图 6-47）。

图 6-47　化妆造型的色彩

　　化妆造型中，色彩的选择与人体色、环境色、服装色甚至和灯光的颜色密切相关。我们通常将人体色分为强冷色、强暖色、中暖色、中冷色（图 6-48）。化妆造型中色调选择一般应与人体色色调一致。

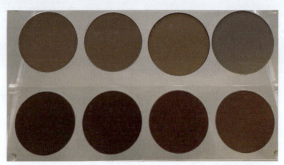

图 6-48　人体色示图

常用的判断人体色的量表见表 6-5。

表 6-5　常用的判断人体色的量表

人体色的量表					
判断指标	色调	暖色调		中性色调	冷色调	
	程度	中度	强烈	中性	中度	强烈
毛发色	自然发色					
	眉毛自然色					
皮肤色调	头皮肤色					
	耳后皮肤色					
	面部皮肤色					
	脸颊处皮肤色					
	手臂 / 肩膀肤色					
眼睛及附属器官颜色	眼周肤色					
	瞳孔色					
	眼白颜色					
唇部颜色	自然唇色					
	唇周颜色					
总体测量情况						

量表的判断建立在设计师对色彩的基本认知和判断的基础上，因此，色彩学基础是人物形象设计师必备的基础知识和能力。

3. 人物形象设计中发型的适应性

发型作为人体外形设计中头部形态的重要组成部分，能够在视觉上改善和调整头身比例、修饰面部轮廓和人体头颈肩的比例关系。同时，还可以调节人体面部肤色，在整体形象设计中有着重要的作用。

发型设计元素包括形、纹理、颜色三个部分。

（1）发型的三维形状是由头发的长度、方向、对称设计和外轮廓形线组成，按照以上条件，根据发型与人的面部正面形成的二维形状进行分类，分为方形、三角形、圆形、椭圆形四种，如图 6-49 所示。

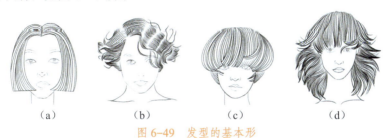

（a）　　　　　（b）　　　　　（c）　　　　　（d）

图 6-49　发型的基本形

（a）方形；（b）三角形；（c）圆形；（d）椭圆形

不同类型的头发结合不同的头发长度、头发方向、轮廓形线对称性，能够适应不同的体型、颈型、肩形、修饰面部侧面轮廓、耳部形态等。具体的适应性分析，需要我们平时善于观察，应用人体美学标准，做到能正确判断被设计者体型体态优势劣势，利用发型形态变化，优化人体外形。

发型长度设计，如图 6-50 所示。

发型方向设计，如图 6-51 所示。

图 6-50　发型长度设计　　　　　图 6-51　发型方向设计

发型外轮廓线条设计，如图 6-52 所示。

图 6-52　发型外轮廓线条设计

发型对称性设计，如图 6-53、图 6-54 所示。

图 6-53　对称平衡发型设计　　　　　图 6-54　不对称平衡发型设计

（2）发型的纹理是由每一根头发的形态组成的，它分为活动纹理、静止纹理和混合纹理，即通常所说的直发和曲发，产生不同大小的量感、方向感和动感。头发的纹理对于修饰人的面部轮廓，配合人的五官特点、身体曲线、服饰风格，对人体外在形象特点的塑造起着重要的作用。

发型量感设计，如图 6-55 所示。

发型纹理设计，如图 6-56 所示。

图 6-55　发型量感设计　　　　　　　图 6-56　发型纹理设计

在设计中，可以把 1 根或 1 束头发看成是一条线，头发纹理的设计是对线的组合与安排，它产生复杂的视觉和心理感受，符合平面构成中"线"的基本性质和作用。

1）线的性质。

直线：明快、纯粹、刚强、男性化；

细直线：敏锐、神经质、脆弱；

粗直线：钝重、粗笨、有力；

曲线：柔和、圆滑、优雅、女性化；

锯状直线：不安、焦虑、遽变；

水平线：安稳、平静、平和、呆板；

垂直线：力度、严肃、庄重、上升、下降；

斜线：速度、动感、积极、方向感；

折线：空间感、变化感。

2）线的方向。

水平线：平稳、宽广、安静；

垂直线：独立、坚定、有向上的精神；

倾斜线：带来重心的偏移和不稳定的感觉。

3）线的粗细。

纤细的线条柔美、敏感和精致；粗硬的线条有强迫的意志，表示强调、禁止等意思。

线的形态种类繁多，但现实形态中的具体表现虽有种种，但其最基本的内容就是直线形态和曲线形态。在平面空间表现中，任何线形态都是以这两种线为基础扩展和引申出来的（图6-57）。

图6-57　发型的线条

（3）发型的颜色是由头发的天然色素和染发人工色素综合显色后呈现出的发色，不同人种，因基因和遗传的影响，天然发色呈现出不同的颜色。随着现代化妆品技术的发展，为了满足人们对与美的追求，化学染发剂出现，通过染发可以改变人的毛发颜色。发色可以调节人体面部肤色，通过搭配环境和服装与服饰的需要，对人整体外在形象的塑造起到一定的作用（图6-58、图6-59）。头发颜色与人体色色调一致能够突出呈现个人的自然气质和美丽。

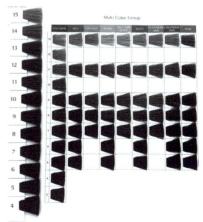

图6-58　发色示意图　　　　　　　　图6-59　发色中的冷暖

人物形象设计中发型的适应性量表见表6-6。

表 6-6　人物形象设计中发型的适应性量表

发型 体型	类别	形				纹理		颜色
		发型长短	发型方向	发型底部形线	发型对称性	发量	头发纹理	发色
体型								
脸型								
颈形								

发型\体型	类别	形				纹理		颜色
		发型长短	发型方向	发型底部形线	发型对称性	发量	头发纹理	发色
肩形								
侧面轮廓								
耳朵形态								
前发线								
人体色								

6.1.2.5　素质素养养成

（1）通过对服装款式、外形分类及适应性的学习，能够结合对被设计对象的外形准确判断为依据，形成人体体形特征与服饰适应性选择的理性思维和逻辑，能够通过量表准确表达。

（2）通过对化妆设计要素及适应性的学习，能够以对被设计对象的外形准确判断为依据，形成人体面部特征与化妆设计适应性选择的理性思维和逻辑，能够通过量表准确表达。

（3）通过对发型设计要素及适应性的学习，能够以对被设计对象的外形准确判断为依据，形成发型设计适应性选择的理性思维和逻辑，能够通过量表准确表达。

6.1.2.6　任务实施

6.1.2.6.1　任务分配

表 6-7　学生任务分配表

班长		组号		指导教师	
组长		学号			
组员	姓名	学号		姓名	学号

6.1.2.6.2　自主探学

组号：_____　姓名：_____　学号：_____　检索号：_____

引导问题：寻找 1 个被设计对象，用设计师的观察方法进行观察，并对其外在形态进行准确的判断和描述，完成其对应的服装要素建议表并给出依据。

外形 / 服装	体型	脸型	颈型	肩形	头身比例	四肢比例	人体色
服装外轮廓形							
领型							
袖型							
上衣 / 下裳							
服装色彩搭配							

任务工作单 6-11　自主探学 2

组号：_____　姓名：_____　学号：_____　检索号：_____

引导问题： 对既定的被设计对象进行观察，重点观察头面部，对面部特征进行准确的判断和表述，完成化妆设计建议表并给出依据。

面部特征＼化妆设计	面型	面部比例	眉	眼	唇	面部肤色
肤色修饰						
眉毛修饰						
眼部的修饰						
唇部修饰						
腮红						
面型的修饰						
妆面颜色						

任务工作单 6-12 自主探学 3

组号：_____ 姓名：_____ 学号：_____ 检索号：_____

引导问题：对既定的被设计对象进行观察，对其整体外部特征进行准确的判断和表述，完成发型设计建议表并给出依据。

外部特征 发型设计	体型	面型	肩形	颈形	发长	发色	侧面轮廓形	发际线	外耳郭形	人体色
发型形状										
发型长短										
外轮廓线										
发型量感										
发型方向										
发型纹理										
发型颜色										

6.1.2.6.3　合作研学

任务工作单 6–13　合作研学

组号：_____　姓名：_____　学号：_____　检索号：_____

引导问题 1：小组分享、教师参与，讨论确定出一套完整的设计建议表。

外形 服装	体型	脸型	颈型	肩形	头身比例	四肢比例	人体色
服装外 轮廓型							
领型							
袖型							
上衣／ 下裳							
服装色彩 搭配							

面部特征 化妆设计	面型	面部比例	眉	眼	唇	面部肤色
肤色修饰						
眉毛修饰						
眼部的修饰						
唇部修饰						
腮红						
面型的修饰						
妆面颜色						

外部特征 发型设计	体型	面型	肩形	颈形	发长	发色	侧面轮廓形	发际线	外耳郭形	人体色
发型形状										
发型长短										
外轮廓线										
发型量感										
发型方向										
发型纹理										
发型颜色										

引导问题 2：记录自己的不足。

6.1.2.6.4 展示赏学

任务工作单 6-14 展示赏学

组号：_____ 姓名：_____ 学号：_____ 检索号：_____

引导问题：每个小组制作 PPT 演示文稿，派代表展示并分享自己的设计建议方案。

要求：图文并茂、用词专业、表达准确规范、设计原理明确、思路清晰。

6.1.2.7 评价反馈

任务工作单6-15 自我评价表

组号：_____ 姓名：_____ 学号：_____ 检索号：_____

班级		组名		日期	年　月　日
评价指标	评价内容			分数	分数评定
信息检索	能有效利用网络、图书资源查找有用的相关信息等；能将查到的信息有效地传递到学习中			10分	
感知课堂生活	理解行业特色，认同工作价值；在学习中能获得满足感			10分	
参与态度	积极主动与教师、同学交流，相互尊重、理解、平等相待；与教师、同学之间能够保持多向、丰富、适宜的信息交流			10分	
	能运用规范的语言，做到有效学习；能提出有意义的问题或发表个人见解			10分	
知识获得	掌握服装与服饰搭配适应性知识			10分	
	掌握化妆造型适应性知识			10分	
	掌握发型设计适应性知识			10分	
	能运用Office软件中以专业语言文字和图片结合的形式，完成对设计对象的外形特征进行表述和分析的PPT或Word文档			10分	
思维态度	能发现问题、提出问题、分析问题、解决问题，有创新意识			10分	
自评反馈	按时按质完成任务；较好地掌握知识点；具有较强的信息分析能力和理解能力；具有较为全面严谨的思维能力并能条理清楚地表达成文			10分	
自评分数					
有益的经验和做法					
总结反馈建议					

任务工作单 6-16　小组内互评验收表

组号：_____　姓名：_____　学号：_____　检索号：_____

验收组长		组名		日期	年　月　日
组内验收成员					
任务要求	掌握人的外在特征描述关键知识；掌握对人体外在特征表述的专业语言；能应用设计师的观察和思考方法对被设计对象进行有效的观察；能应用专业语言文字和图片结合的形式对人的外形特征进行准确表述				
验收文档清单	被验收者任务工作单 6-10				
	被验收者任务工作单 6-11				
	被验收者任务工作单 6-12				
	被验收者任务工作单 6-13				
	被验收者任务工作单 6-14				
	文献检索清单				

	评分标准	分数	得分
验收评分	能应用服装与服饰搭配适应性知识完成被设计对象外在形象调整方案，错一处扣 5 分	20 分	
	能应用化妆造型适应性知识完成被设计对象外在形象调整方案，错一处扣 5 分	20 分	
	能应用发型设计适应性知识完成被设计对象外在形象调整方案，错一处扣 2 分	20 分	
	应用专业语言文字和图片结合的形式对人的外形特征进行准确表述，错一处扣 2 分	20 分	
	提供文献检索清单，少于 5 项，缺一项扣 4 分	20 分	
评价分数			
不足之处			

任务工作单 6–17 小组间互评表

（听取各小组长汇报，同学打分）

被评组号：_____ 检索号：_____

班级		评价小组		日期	年　月　日
评价指标	评价内容			分数	分数评定
汇报 表述	表述准确			15 分	
	语言流畅			10 分	
	准确反映该组完成任务情况			15 分	
内容 正确度	内容正确			30 分	
	句型表达到位			30 分	
互评分数					
简要评述					

任务工作单6-18　任务完成情况评价表

组号：_____　姓名：_____　学号：_____　检索号：_____

任务名称	编写被设计对象外在形象调整方案			总得分		
评价依据	学生完成的全部任务工作单					
序号	任务内容及要求		配分	评分标准	教师评价	
					结论	得分
1	能对人体外在特征进行专业的表述	描述正确	10分	缺一个要点扣1分		
		语言表达流畅	10分	酌情赋分		
2	能应用设计师的观察和思考方法对被设计对象进行有效的观察	描述正确	10分	缺一个要点扣1分		
		语言流畅	10分	酌情赋分		
3	能运用人的外在特征描述关键知识	描述正确	10分	缺一个要点扣2分		
		语言流畅	10分	酌情赋分		
4	应用专业语言文字和图片结合的形式对人的外形特征进行准确表述	描述正确	10分	缺一个要点扣2分		
		语言流畅	10分	酌情赋分		
5	提供文献检索清单	数量	5分	每少一个扣2分		
		参考的主要内容要点	5分	酌情赋分		
6	素质素养评价	沟通交流能力	10分	酌情赋分，但违反课堂纪律，不听从组长、教师安排，不得分		
		团队合作				
		课堂纪律				
		合作探学				
		自主研学				
		观察分析能力，突出以人为本的理念				
		遵循实事求是的原则，理论联系实际				
		严谨的逻辑思维能力、语言表达能力				

项目 6.2　人物形象设计方案制作

任务 6.2.1　人物原型分析

6.2.1.1　任务描述

通过观察、调研和信息收集等方法，对文学艺术作品中的人物社会属性进行分析，并用专业的语言对其进行记录和表述，形成人物原型分析表。

6.2.1.2　学习目标

1. 知识目标：掌握人的社会属性概念及相关知识；掌握人的社会形象的概念和相关知识；掌握信息检索基本知识。

2. 能力目标：能正确认知人的社会属性，并对被设计对象进行分析；能应用人的社会形象相关知识，对特定的人物社会形象进行合理定位与分析；能通过观察、咨询、信息收集等方式对被设计对象进行分析。

3. 素养目标：培养观察分析能力，突出以人为本的理念；培养文学素养和文化礼仪；培养严谨的逻辑思维能力。

6.2.1.3　重点难点

1. 重点：人的社会属性和人的社会形象相关知识。
2. 难点：人的社会属性和人的社会形象认知与应用。

6.2.1.4　相关知识链接

人的属性一般划分为自然属性和社会属性，又称个体属性和社会属性。在上一个模块中，我们对于人体外在形态的认识主要侧重于对人的先天自然属性的外在形态的认识与分析，而生活在人类社会中被他人认知和认可的人是集合其自然属性和社会属性的存在。因此，作为形象设计师，对人的形象塑造是建立在对被设计对象自然属性和社会属性准确的认知和判断基础上。

（1）人的社会属性。人的社会属性可以做两个方面的区别：一是人与动物的区别，二是人与人的区别。从人与动物的区别的角度上说，人的社会属性在于社会劳动，这是整个人类与动物的根本不同；从人与人的区别的角度上说，人的社会属性在于社会关系，由于人们所在的社会集团不同，所处的社会地位不同，因而人与人不同。

人的本质在其现实性上是一切社会关系的总和。

1）人的社会属性不是先天的，而是在后天社会生活和社会实践尤其是生产实践中形成的。

2）由于人的社会关系会发生变化，故人的社会属性并不是永恒不变的。

3）由于人的社会关系不同，故人的社会属性也不同。

4）人的社会属性是多方面社会关系的总和，其中，生产关系是其他一切社会关系的基础。在阶级社会中，人的本质主要表现为阶级性。

（2）人的社会形象。自古以来，人的社会形象在社会交往中具有重要价值，人的形象及服饰装扮蕴藏着文化、礼仪和审美等要素，能满足个体自尊、社交、展示个人价值、表达个性等需要。符合社会角色定位的个人外观形象是人的完整和内涵的表现方式，它能直观地反映出个体的身份、地位、职业、品味、性格、审美等。

荀子曾说："人无礼则不生，事无礼则不成，国无礼则不宁。"礼仪形象展现的是人格与品质。在不同的场合有不同的礼仪，自然需要关注不同的仪态和礼节。其中，仪态是人们展现在公众面前最直接的形象，包括自然人的形态、外形修饰、穿衣打扮等行为。自然人的形态是父母给予的，无法改变，形象设计是在此基础上通过准确判断、权衡优劣、视觉美化来改善人们的社会形象；而准确判断中除对自然形态的判断外，对个体的社会属性的判断是人的社会形象最重要的依据。社会形象既表达着一个群体的文化修养、审美价值等，也表达着个体的个性和爱好。因此，人的社会形象要符合常规、区分场合，要遵循日常礼节、家庭礼节、社交礼节、公务礼节和商务礼节等。此外，还要随着环境、地理条件、宗教礼仪和受众人群的变化，考虑民俗及礼节的因素。

综上所述，人的社会形象与个体的职业、教育、收入、年龄、地域、生活方式、时代背景、社会环境、性格、爱好等社会属性有直接关系。

6.2.1.5　素质素养养成

（1）通过案例分析，理解和懂得人的社会属性、自然属性与人的外在形象的联系，从而理解以人为本的人物形象设计的内涵。

（2）通过对文学艺术作品中的人物形象的分析，增强文学素养和传统文化礼仪修养。

（3）通过对人的社会形象影响因素的学习，培养分析人物原型依据的理性逻辑思维。

6.2.1.6　任务实施

6.2.1.6.1　任务分配

表 6-8　学生任务分配表

班长		组号		指导教师	
组长		学号			
组员	姓名	学号		姓名	学号

6.2.1.6.2　自主探学

组号：＿＿＿＿＿　姓名：＿＿＿＿＿　学号：＿＿＿＿＿　检索号：＿＿＿＿＿

引导问题：从四大名著中选择一位主要人物，摘录出文章中对该人物形象描述的原文，并写出自己对这部分原文的理解。

6.2.1.6.3　合作研学

任务工作单6-20　合作研学

组号：＿＿＿＿＿　姓名：＿＿＿＿＿　学号：＿＿＿＿＿　检索号：＿＿＿＿＿

引导问题：小组内分享自己选择的人物，讨论确定一位具有代表性的人物进行分析，挖掘原著中人物形象的描述与人物社会属性的相关性分析。

人物社会属性	原著中的描写	原著对人物形象描写的相关性分析	人物形象表达方式
时代背景			1．外在形象表达 （1）服饰特点：
社会环境			
生活方式			（2）妆面设计：
性格			
爱好			（3）发型特点：
职业			
教育背景			2．内在素养表达 （1）语言神态：
收入情况			
年龄			（2）身体姿态：
地域			
宗教信仰			（3）行为动作：
民族			

6.2.1.6.4　展示赏学

任务工作单 6-21　展示赏学

组号：＿＿＿＿＿　　姓名：＿＿＿＿＿　　学号：＿＿＿＿＿　　检索号：＿＿＿＿＿

引导问题：各小组完成人物形象分析展示 PPT，每组派一名代表在全班进行分享，教师进行点评。要求将小组合作研学的分析内容通过图文并茂的方式，用 PPT 进行展示。注意文字表述的准确、精练。

6.2.1.6.5　方法应用

任务工作单 6-22　方法应用

组号：＿＿＿＿＿　　姓名：＿＿＿＿＿　　学号：＿＿＿＿＿　　检索号：＿＿＿＿＿

引导问题：通过以上人物与活动，自己总结出人物形象原型分析的方法与要素，思考如何对生活中的人物进行分析，这些分析对人的形象设计起到什么作用。

6.2.1.7 评价反馈

任务工作单 6-23 自我评价表

组号：_____ 姓名：_____ 学号：_____ 检索号：_____

班级		组名		日期	年 月 日
评价指标	评价内容			分数	分数评定
信息检索	能有效利用网络、图书资源查找有用的相关信息等；能将查到的信息有效地传递到学习中			10分	
感知课堂生活	理解行业特色，认同工作价值；在学习中能获得满足感			10分	
参与态度	积极主动与教师、同学交流，相互尊重、理解，平等相待；与教师、同学之间能够保持多向、丰富、适宜的信息交流			10分	
	能运用规范的语言，做到有效学习；能提出有意义的问题或发表个人见解			10分	
知识获得	掌握人的社会属性概念及相关知识			10分	
	掌握人的社会形象的概念和相关知识			10分	
	掌握信息检索基本知识			10分	
	能运用 Office 软件，以专业语言文字和图片结合的形式，完成对设计对象的外形特征进行表述和分析的 PPT 或 Word 文档			10分	
思维态度	能发现问题、提出问题、分析问题、解决问题，有创新意识			10分	
自评反馈	按时按质完成任务；较好地掌握知识点；具有较强的信息分析能力和理解能力；具有较为全面严谨的思维能力并能条理清楚地表达成文			10分	
自评分数					
有益的经验和做法					
总结反馈建议					

任务工作单6-24　小组内互评验收表

组号：_____　姓名：_____　学号：_____　检索号：_____

验收组长		组名		日期	年　月　日
组内验收成员					
任务要求	掌握人的社会属性概念及相关知识；掌握人的社会形象的概念和相关知识；掌握信息检索基本知识；能应用专业语言文字和图片结合的形式进行人物分析				
验收文档清单	被验收者任务工作单6-19				
	被验收者任务工作单6-20				
	被验收者任务工作单6-21				
	被验收者任务工作单6-22				
	文献检索清单				

验收评分	评分标准	分数	得分
	能对人体外在特征进行专业的表述，错一处扣5分	20分	
	能正确认知人的社会属性，并对被设计对象进行分析，错一处扣5分	20分	
	能应用人的社会形象相关知识，对特定的人物社会形象进行合理定位与分析，错一处扣2分	20分	
	能通过观察、咨询、信息搜集等方式对被设计对象进行分析，错一处扣2分	20分	
	提供文献检索清单，少于5项，缺一项扣4分	20分	
评价分数			
不足之处			

任务工作单6-25 小组间互评表

（听取各小组长汇报，同学打分）

被评组号：＿＿＿＿＿＿＿＿＿＿＿＿＿＿＿＿＿＿＿＿＿＿ 检索号：＿＿＿＿＿

班级		评价小组		日期	年 月 日
评价指标	评价内容			分数	分数评定
汇报表述	表述准确			15分	
	语言流畅			10分	
	准确反映该组完成任务情况			15分	
内容正确度	内容正确			30分	
	句型表达到位			30分	
互评分数					
简要评述					

任务工作单 6-26 任务完成情况评价表

组号：_____ 姓名：_____ 学号：_____ 检索号：_____

任务名称	人物原型分析			总得分		
评价依据	学生完成的全部任务工作单					
序号	任务内容及要求		配分	评分标准 结论 得分	教师评价	
1	能正确认知人的社会属性，并对被设计对象进行分析	描述正确	10分	缺一个要点扣1分		
		语言表达流畅	10分	酌情赋分		
2	能应用人的社会形象相关知识，对特定的人物社会形象进行合理定位与分析	描述正确	10分	缺一个要点扣1分		
		语言流畅	10分	酌情赋分		
3	能运用人的社会属性知识	描述正确	10分	缺一个要点扣2分		
		语言流畅	10分	酌情赋分		
4	能通过观察、咨询、信息搜集等方式对被设计对象进行分析	描述正确	10分	缺一个要点扣2分		
		语言流畅	10分	酌情赋分		
5	提供文献检索清单	数量	5分	每少一个扣2分		
		参考的主要内容要点	5分	酌情赋分		
6	素质素养评价	沟通交流能力	10分	酌情赋分，但违反课堂纪律，不听从组长、教师安排，不得分		
		团队合作				
		课堂纪律				
		合作探学				
		自主研学				
		观察分析能力，突出以人为本的理念				
		设计师的文学素养和文化礼仪				
		严谨的逻辑思维能力、语言表达能力				

任务 6.2.2　主题人物形象设计方案制作

6.2.2.1　任务描述

应用艺术设计的思维方法，通过设计定位、创意策划、主题创意、设计表达，完成一个主题人物形象设计方案，并以 PPT 形式进行展示。

6.2.2.2　学习目标

1．知识目标：掌握设计定位的概念及相关知识；掌握设计策划的概念和相关知识；掌握创意与设计表达的相关知识。

2．能力目标：能根据被设计对象的人的特点，完成设计定位；能进行设计策划；能完成设计创意及设计表达；能完成设计方案的制作。

3．素养目标：培养设计分析能力，突出以人为本的理念；培养文学素养和文字表达能力；培养严谨的设计思维能力。

6.2.2.3　重点难点

1．重点：艺术设计思维方法和相关知识。

2．难点：用设计方案展示设计思维，表达设计定位、设计策划、主题创意。

6.2.2.4　相关知识链接

1．设计定位

设计定位是设计活动的开始，如果没有对被设计对象进行前期的调查、没有对设计目的和设计目标的预期，没有进行科学的评估、准确的定位，设计就无法有效的开展。因此，在艺术设计中把设计定位作为一个科学有效的设计方法，把它作为控制和管理设计项目的重要的工具。

人物形象设计的设计定位是通过设计师对被设计对象的客观自身特征准确判断，和其社会属性的调查、准确分析判断的基础上，结合设计对象的主观意愿，以改善被设计对象的形象为目的，设计师预期想要对其做的事和提供的服务，它包括设计目的、结果、性质、状态、功能、价值的确定。

（1）人物形象设计的设计定位步骤：

1）调查和咨询。首先，应用上个模块中使用的被设计对象外在特征判断和记录的方法和量表，对其客观外在形态做出判断；其次，通过沟通或其他的信息收集的方式对被设计对象的社会属性进行了解和记录；最后，了解被设计对象的主观设计意愿和期望。

2）信息整理。将调查获得的客观数据、信息、背景资料等经过归纳、统计、分析、整理，再结合主观意愿，形成一个设计"推理结论"，即设计定位预判。

（2）常用的人物形象设计定位分类。在人物形象设计中，通过对人物的社会属性进行调查，结合被设计对象所处的生活工作环境、潮流趋势、活动场景、生活方式和习惯等主客观因素，通常把人的外在形象设计定位分为六类，具体见二维码内容。

常用的人物形象
设计定位分类

2. 设计策划

有了上一步的设计调查咨询和信息整理，我们对被设计的对象的主观意愿和客观条件都有了一个比较全面的了解，设计策划是在此基础上，对这些信息进行处理和分析，在咨询分析的基础上，为设计目标的达成形成的设计计策、谋划的智慧火花和奇思妙想。在设计实践中常用的一种分析模型为SWOT分析，即"SWOT模型"，它是由著名的美国管理学者Steiner提出的，具体包括四个方面的系统分析：

（1）S（strengths）是优势，是指项目中客观存在的自身条件、资源和环境优势。在人物形象设计中被认为是被设计主体自身具备的客观条件优势和社会属性优势。

（2）W（weaknesses）是劣势，是指项目中客观存在的自身条件、资源和环境弱势、问题和困难。在人物形象设计中被认为是被设计主体自身具备的客观条件和社会属性弱势、问题和困难。

（3）O（opportunities）是机会，是指分析项目达成的机会、切入点、时间、方式等。在人物形象设计中被认为是分析被设计对象的优势、劣势后，以达成设计定位预期的设计切入点、方式和可能性。

（4）T（threats）是威胁，是指环境和其他不可控因素可能对项目造成的不利影响和潜在的风险。在人物形象设计中被认为是因客观不可控的因素，对设计定位预期结果造成影响的威胁和风险。

3. 设计创意

设计以人为本，所有的设计都是以人的需要、解决人在生存、生产、生活中的问题为基本目的，设计创意是在设计策划的奇思妙想上，为解决这些问题做出的创新与创造，它体现了设计师的精神和情感价值。

创意的特性是无处不在的人类智慧，它主要体现在以下三个方面：

（1）创意总是会解决始料未及的问题；

（2）创意总是突发奇想的关联看似不相关的事物；

（3）创意总是把灵感变为具有普遍意义的可以创造价值的功能。

人物形象设计创意就是利用我们的智慧和奇思妙想，通过发型造型、化妆造型、服饰搭配的技术手段，提升个人内在素养的方法，有目的地对人内在和外在的形象进行改善和修饰（图6-60）。

4. 设计表达

艺术设计本身就是需要表达的行为，作为艺术设计范畴内的人物形象设计表达是以美化或塑造人的形象为目的，设计师的思想、创意、策略形象化和视觉化呈现的过程，是设计生产的规划蓝图。设计的表达必须借助一定的工具和手段，设计师需要创造自己的表达形式。

图 6-60 设计灵感与创意

（1）设计表现。设计表现是表达设计意图的主要形式，设计师常用的表现方式有手绘草图的形式，也会使用真实的材料和模型来表现，在计算机软件普及的今天，设计师也可以用计算机软件来帮助完成设计图的表现，但是，无论出现什么新的形式、用什么软件，设计师都必须具备基本的设计草图能力（图 6-61）。因此，设计师的快速表现能力是设计表现的最基本要求。

图 6-61 设计表现范例

（2）语言表述。语言表述是艺术设计视觉表达的辅助形式，它是艺术设计过程中非视觉化部分的文本描述，通常包括设计定位分析、设计策划、设计创意的文字表述，在人物形象设计中，设计表达的语言表述是设计师与被设计对象沟通交流的重要途径和方式。准确而专业的语言是设计师与被设计对象之间达成设计决定的沟通基础，也是设计蓝图展示的表现方式之一。

（3）设计表达工具。设计表达工具包括传统设计工具（也称为非数字化工具）、现代设计工具（也称为数字化设计工具）两类。

1）传统工具。设计工具随着人类社会技术进步推陈出新，但是无论科技如何进步，有些工具永远存在，如建筑工程设计师使用的尺子、圆规，形象设计师使用的软尺、梳子、刷子等。艺术设计将一直保留着艺术与技艺的成分，那种通过设计的双手完成的设计图的表现形式不会因为数字媒体技术的发展而失去价值，艺术设计永远是由人完成的工作。

人物形象设计无论从设计师还是被设计对象的角度，更需要人与人之间的信息和情感的交流，在设计过程中除精确地控制外，更需要体验微妙的感受，正如前面所述人物形象设计的价值与艺术设计感知之间的关系一般，更多的价值产生于服务、环境和交流中视觉、味觉、嗅觉、触觉、听觉的体验和感受（图 6-62、图 6-63）。

图 6-62　设计制作（一）

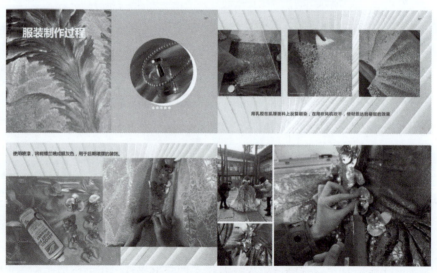

图 6-63　设计制作（二）

2）现代设计工具。应用计算机及软件处理图形、图像、影像、文字的特殊功能，帮助设计师完成设计蓝图的表达。常用的计算机设计软件如下：

①点阵图像处理软件：Photoshop、PAINT。

②矢量图形处理软件：Illustrator、CorelDRAW、FreeHand。

③图文混排处理软件：PageMaker、InDesign。

④三维图形处理软件：AutoCAD、3ds Max、Maya。

⑤网页制作设计软件：Dreamweaver。

⑥视频后期编辑软件：After Effects、Adobe Audition、Premiere，以及便捷式视频处理软件"剪映"等。

面对互联网和计算机的普及，形象设计服务业面临这传统服务业向现代服务业的转型和升级，作为人物形象设计师，必须掌握应用现代设计工具的能力，设计能力和专业能力要与时俱进，更好地为人民服务。

（4）设计传播途径。传统的艺术设计的传播途径有画展、会展、T台秀、光盘、院线、宣传网站、电视传播等传播手段，受到资源、财富、场地、时间的限制；而在互联网时代，新媒体作为艺术设计的传播途径，因其受制因素的减少，形式的多样，已然成为艺术设计传播的主要途径（图6-64、图6-65）。

毕业秀视频

图 6-64　设计传播途径——抖音

图 6-65　设计传播途径——新媒体平台

媒介即讯息是麦克卢汉对传播媒介在人类社会发展中的地位和作用的一种高度概括。在此之前，新媒体作为继广播、电视、报纸、杂志后的第五大媒体，在传播途径上也区别于传统传播方式，它整合了传统媒体与网络媒体、公共关系和个人体验，与传统传播方式有着截然不同的本质特征。

1）协同性与即时性。事实上，人物形象设计与新媒体密切相连，根据我们日常经验判断，人物形象设计的传播途径已突破传统，也会遇到如广告、微博、微信、抖音、小红书、头条等，都能做到瞬时同步传播与多平台矩阵运营。

2）多元性。"数字化与图像化之间"的艺术生存方式已成为当代互联网的传播模式，众多权威的艺术平台已成为传播自己作品最有效的途径，这不啻为人物形象设计在艺术传播上的一场革命。消除信息传播阻碍，也就是消除了国家之间、企业之间、个体之间，以及媒体之间存在的界限性。

3）个性化。新的传播途径使得每一个人都成为信息的发布者，个性地表达自己的观点，传播和分享自己关注的信息。传播内容与传播形式等是以自媒体形式呈现。

4）传播成本低。人物形象与新媒体传输的内容影像材料与途径多样。以往传统媒体的传播途径相对固定，需要大面积、大制作、大投资的传播模式，新媒体传播途径的多样化使艺术传播不再局限于外部环境。

5）关联性。人物形象设计是艺术设计大类中的一种艺术形式，它服务于人们的生活和社交的需要，同时也传播着不同时代的审美理念，通过不同时代的人物形象的认知和传播，能够帮助我们了解特定时代对美的理解。

5．设计实现

（1）设计的实现手段。设计的实现手段是设计师通过设计定位、设计策划、设计创意、设计表达，与被设计对象达成一致后，合理利用人力、物力和财力资源，使用相应的设计技术手段，实现设计的过程。

（2）设计的组织与管理。设计管理简称DM，是研究如何在各个层次整合，协调设计所需的资源和活动，并对一系列的设计策略与设计活动进行管理，寻求最合适的解决方法，以达成企业的目标和创造出有效的产品（图6-66）。

图6-66　设计的组织与管理

作为实现设计的重要前提和基础，设计的组织和管理已越来越引起人们的重视。由于各个国家的国情不同，其组织形式与管理方式也有所差异。

设计组织与管理的内容包括三个层次：

1）项目设计管理（流程与程序）。

2）服务并发设计管理（品质与需求）。

3）设计师管理（人力资源）。

6.2.2.5　素质素养养成

（1）通过对设计定位、设计策划、设计创意的理解，逐渐以设计师的逻辑去思考和分析问题。

（2）通过学习设计表达，逐渐养成设计师应具备的文学素养和文字表达能力。

（3）通过参与学习任务和活动，能够体验感受作为设计师的思维能力、创新能力的重要性，认识到各类专业课程与培养目标、学习目标之间是紧密联系、缺一不可的。

6.2.2.6　任务实施

6.2.2.6.1　任务分配

表 6-9　学生任务分配表

班长		组号		指导教师	
组长		学号			
组员	姓名	学号		姓名	学号

6.2.2.6.2　自主探学

组号：_____　姓名：_____　学号：_____　检索号：_____

引导问题：确定一个被设计对象，应用前面所学知识与技能，完成对被设计对象的设计定位：调查咨询信息表。

人物社会属性		外在形态特征	
调查咨询内容	具体信息	调查咨询内容	具体信息
时代背景		体型	
社会环境		面型	
生活方式 / 习惯		肩形	
性格		颈形	
爱好		发长	
职业		发色	
教育背景		侧面轮廓形	
收入情况		发际线	
年龄		外耳郭形	
地域		人体色	
宗教信仰		五官比例	
民族		身体比例	

组号：_____　　姓名：_____　　学号：_____　　检索号：_____

引导问题： 在调查咨询信息表的基础上，对有效信息进行归纳整理，完成设计定位，并阐述定位依据。

造型手段	造型设计要素	有效信息归纳	设计定位及阐述
发型造型	形（长度 / 方向 / 对称性）		设计定位及依据（主要说明被设计对象原型适合的风格定位及依据）：
	纹理（量感 / 质感）		
	发色		
化妆造型	比例（五官）		
	形态（面形 / 五官）		
	妆色		
服饰搭配	外轮廓型		
	领型 / 袖型		
	色彩搭配		
	配饰搭配		

6.2.2.6.3　合作研学

任务工作单 6–29　合作研学 1

组号：_____　　姓名：_____　　学号：_____　　检索号：_____

引导问题： 小组讨论，确定一个被设计对象，根据设计定位，应用设计策划的方法，用 SWOT 分析法，共同完成设计策划分析表。

设计策划 \ 设计定位	与设计定位匹配的条件（S）	强调优势方法（O）	与设计定位不匹配的条件（W）	弱化劣势的方法（O）	可能与设计定位出现的误差预判（T）
发型造型策划					
造型设计要素 — 形（长度/方向/对称性）					
造型设计要素 — 纹理（量感/质感）					
造型设计要素 — 发色					
化妆造型策划					
造型设计要素 — 比例（五官）					
造型设计要素 — 形态（面形/五官）					
造型设计要素 — 妆色					
服饰搭配策划					
造型设计要素 — 外轮廓型					
造型设计要素 — 领型/袖型					
造型设计要素 — 色彩搭配					
造型设计要素 — 配饰搭配					

任务工作单 6-30 合作研学 2

组号：_____ 姓名：_____ 学号：_____ 检索号：_____

引导问题：小组以确定的设计对象和设计策划分析表为基础，自拟人物造型设计主题（可根据 T.P.O 原则设定），应用一定的设计表达方式，完成设计策划及创意文案。

注意：设计表达方式建议用自己的快速表现技法手稿＋网络图片及元素结合的方式；设计策划及创意文案用 PPT 图文并茂演示文案；文案需要包括以下内容：人物造型设计主题、人物形象设计定位、设计策划、优势强调方法、弱势及问题解决的创意方案。

6.2.2.6.4 展示赏学

任务工作单 6-31 展示赏学

组号：_____ 姓名：_____ 学号：_____ 检索号：_____

引导问题：各小组在创意文案及基础上，深度细化发型、化妆、服饰搭配技术，结合当季流行趋势，完善细节图形图像展示，时间管理、流程及成本预算，形成主题人物形象设计方案，形成 PPT 并派一位组员作为代表，在全班进行分享。

6.2.2.7 评价反馈

任务工作单 6-32 自我评价表

组号：_____ 姓名：_____ 学号：_____ 检索号：_____

班级		组名		日期	年　月　日
评价指标	评价内容			分数	分数评定
信息检索	能有效利用网络、图书资源查找有用的相关信息等；能将查到的信息有效地传递到学习中			10分	
感知课堂生活	理解行业特点，认同工作价值；在学习中能获得满足感			10分	
参与态度	积极主动与教师、同学交流，相互尊重、理解，平等相待；与教师、同学之间能够保持多向、丰富、适宜的信息交流			10分	
	能运用规范的语言，做到有效学习；能提出有意义的问题或发表个人见解			10分	
知识获得	掌握设计定位的概念及相关知识			10分	
	掌握设计策划的概念和相关知识			10分	
	掌握创意与设计表达的相关知识			10分	
	能运用 Office 软件，以专业语言文字和图片结合的形式，完成对设计对象的外形特征进行表述和分析的 PPT 或 Word 文档			10分	
思维态度	能发现问题、提出问题、分析问题、解决问题，有创新意识			10分	
自评反馈	按时按质完成任务；较好地掌握知识点；具有较强的信息分析能力和理解能力；具有较为全面严谨的思维能力并能条理清楚地表达成文			10分	
自评分数					
有益的经验和做法					
总结反馈建议					

任务工作单 6-33　小组内互评验收表

组号：_____　姓名：_____　学号：_____　检索号：_____

验收组长		组名		日期	年月日
组内验收成员					
任务要求	掌握人的社会属性概念及相关知识；掌握人的社会形象的概念和相关知识；掌握信息检索基本知识；能应用专业语言文字和图片结合的形式进行人物分析				
验收文档清单	被验收者任务工作单 6-27				
	被验收者任务工作单 6-28				
	被验收者任务工作单 6-29				
	被验收者任务工作单 6-30				
	被验收者任务工作单 6-31				
	文献检索清单				
验收评分	评分标准			分数	得分
	能对人体外在特征进行专业的表述，错一处扣 5 分			20 分	
	能根据被设计对象的人的特点，完成设计定位，错一处扣 5 分			10 分	
	能进行设计策划，错一处扣 2 分			10 分	
	能完成设计创意及设计表达，错一处扣 2 分			20 分	
	能完成设计方案的制作，错一处扣 2 分			20 分	
	提供文献检索清单，少于 5 项，缺一项扣 4 分			20 分	
	评价分数				
不足之处					

任务工作单 6-34　小组间互评表

（听取各小组长汇报，同学打分）

被评组号：_____　　检索号：_____

班级		评价小组		日期	年月 日
评价指标	评价内容			分数	分数评定
汇报 表述	表述准确			15 分	
	语言流畅			10 分	
	准确反映该组完成任务情况			15 分	
内容 正确度	内容正确			30 分	
	句型表达到位			30 分	
互评分数					
简要评述					

任务工作单6-35 任务完成情况评价表

组号：_____ 姓名：_____ 学号：_____ 检索号：_____

任务名称	主题人物形象设计方案制作			总得分		
评价依据	学生完成的全部任务工作单					
序号	任务内容及要求		配分	评分标准	教师评价	
					结论	得分
1	能正确认知人的社会属性，并对被设计对象进行分析	描述正确	10分	缺一个要点扣1分		
		语言表达流畅	10分	酌情赋分		
2	能应用人的社会形象相关知识，对特定的人物社会形象进行合理定位与分析	描述正确	10分	缺一个要点扣1分		
		语言流畅	10分	酌情赋分		
3	能运用人的社会属性知识	描述正确	10分	缺一个要点扣2分		
		语言流畅	10分	酌情赋分		
4	能通过观察、咨询、信息搜集等方式对被设计对象进行分析	描述正确	10分	缺一个要点扣2分		
		语言流畅	10分	酌情赋分		
5	提供文献检索清单	数量	5分	每少一个扣2分		
		参考的主要内容要点	5分	酌情赋分		
6	素质素养评价	沟通交流能力	10分	酌情赋分，但违反课堂纪律，不听从组长、教师安排，不得分		
		团队合作				
		课堂纪律				
		合作探学				
		自主研学				
		设计分析能力，突出以人为本的理念				
		设计师的文学素养和文字表达				
		严谨的设计思维能力				

参 考 文 献

［1］［意］翁贝托·艾柯．美的历史［M］．彭淮栋，译．北京：中央编译出版社，2007．

［2］周力生．整体形象设计［M］．北京：化学工业出版社，2012．

［3］屠曙光．设计概论——现代艺术设计的观察与剖析［M］．南京：南京师范大学出版社，
2009．

［4］马建华．形象设计［M］．北京：中国纺织出版社，2002．

［5］冻冰．人物形象设计专业发展现状简析［J］神州．上旬刊2019（4）：38．

［6］杨慧．论人物形象设计行业的多元性特点［J］上海第二工业大学学报，2013，30（4）：
320-325．

［7］彭俊宜．服装设计与审美内涵的阐释——从三宅一生的经典设计风格谈起［J］．商业文化
（学术版），2010（05）：322．

［8］倪虹．论服饰对人物形象设计的影响［D］．青岛：青岛大学，2012．

［9］陈健．设计基础［M］．北京：清华大学出版社，2020．

［10］曹田泉．艺术设计概论［M］．上海：上海人民美术出版社，2005．

［11］鲁道夫·阿恩海姆．艺术与视知觉［M］．滕守尧，译，成都：四川人民出版社，2019．

［12］于国瑞．平面构成［M］．修订版．北京：清华大学出版社，2012．

［13］于国瑞．色彩构成［M］．修订版．北京：清华大学出版社，2012．

［14］胡宁．浅谈三大构成在艺术设计各专业教学中的重要作用［J］．才智，2017（28）：65．

［15］贾弋．三大构成在艺术设计教学中的重要性探讨［J］．科教导刊（上旬刊），2018
（31）：116-117．

［16］郑梦．仿·生—视觉传达设计中的模拟方法研究［D］．南京：南京艺术学院，2019．

［17］王雪青，［韩］郑美京．二维设计基础［M］．上海：上海人民美术出版社，2018．

［18］彭凌燕，肖岚，郭莹莹．构成基础［M］．北京：北京工艺美术出版社，2011．

［19］陈梅，肖狄虎．设计师在设计决策中的引导策略［J］．艺术与设计（理论），2013，2
（03）：29-31．

［20］齐平．迷人的非语言沟通［J］．人事天地，2013（03）：37-38．

［21］郝丽，宋一鹤．浅谈人物形象设计的完整性［J］．大家，2012（06）：90．